Tour en France, Apprécier l'Architecture

Tour en France,

Apprécier

l'Architecture

游法国看建筑

◎罗庆鸿 —— 著

生活·讀書·新知 三联书店　生活書店 出版有限公司

图书在版编目（CIP）数据

游法国看建筑 / 罗庆鸿著 . -- 北京 : 生活书店出
版有限公司 , 2019.6
　　ISBN 978-7-80768-255-4

　　Ⅰ . ①游… Ⅱ . ①罗… Ⅲ . ①建筑艺术－法国 Ⅳ .
① TU-865.65

中国版本图书馆 CIP 数据核字 (2018) 第 141695 号

责任编辑　刘　笛　郝建良
助理编辑　邵含笑
装帧设计　罗　洪
责任印制　常宁强
出版发行　生活书店 出版有限公司
　　　　　（北京市东城区美术馆东街 22 号）
邮　　编　100010
印　　刷　北京顶佳世纪印刷有限公司
版　　次　2019 年 6 月北京第 1 版
　　　　　2019 年 6 月北京第 1 次印刷
开　　本　720 毫米 ×965 毫米　1/16　印张 23
字　　数　212 千字　图 216 幅
印　　数　0,001—8,000 册
定　　价　78.00 元

（印装查询：010-64052612；邮购查询：010-84010542）

目录

"物有本末，事有始终"，历史便是本末始终的过程。历史是看不见的，建筑却是实实在在地出现在眼前；建筑学者都同意建筑是文化的无形载体和文明的有形佐证。要从建筑中找出历史，或从历史的角度去看懂建筑，那么必须从认识"建筑历史"和"历史建筑"这两个概念开始。

建筑历史是指人类从穴居到现代创造出来的各种不同的有形生活空间；历史建筑则是指建筑物承载着的无形的历史讯息。前者是共通性的，一个新的建筑理念会随着时间和地缘关系传递到其他地方去，然后根据各地不同的地理环境、政治、经济、宗教等文化因素和社会状态产生多元的变化；后者是独一无二的，建筑物记录着的事与理，是没有其他事物可以代替的。其实，任何建筑物都存在着这两个有形和无形的元素，它们的价值取决于该建筑物对人类未来社会潜在的重要意义。

拙作《欧游看建筑》是以建筑历史为主线去谈欧洲各时期的建筑风格及其形成的本末始终；本书则是从历史建筑的角度去概说法国自摆脱西罗马帝国的掌控和数百年混乱岁月后，1200多年来的建筑发展沿革和它们潜藏着的历史意义。

本书把法国9至20世纪期间之主要建筑流向分为四个时期，扼要阐述每个时期的地理环境因素、历史背景和宗教对建筑的影响；并列举一些代表性的建筑物来谈谈它们背后的历史故事和建筑本身的关系，让读者在畅游法国之余，也可以通过欣赏这些建筑物，对法国的历史文化和现代生活形态有更深切的认识。

混乱的岁月
（5—9世纪）
Période de confusion

公元前49年，恺撒大帝（Jules César）征服高卢人（Gaulois）后，把他们不同的部族分隔到西欧北部布列塔尼（Bretagne）、诺曼底（Normandie），西南部阿基坦（Aquitaine）、比利牛斯（Pyrénées）地区、卢瓦尔河（Pays de la Loire）流域一带，用罗马的社会制度来管理，让他们接受罗马文化的洗礼。其后五个世纪高卢人都在罗马帝国管辖范围之内。为了方便统治，实行了"条条大道通罗马"的规划理念，以里昂（Lyon）为中心，以放射性的概念建设道路，连接各地。

罗马帝国建立之初（公元前27年），局势未定，为了保障这些地区的安全，不受西部伊比利亚半岛（Péninsule ibérique）（现西班牙、葡萄牙地区）及东部阿尔卑斯山（Alpes）地区各外族的威胁，第一位君主屋大维（Gaius Octavius）实行了他所谓的"罗马治世"（Pax Romana）政策。此后，这些地区才慢慢稳定下来。

公元1至3世纪初，是帝国的全盛时期，国土范围覆盖了西欧以及地中海沿岸大部分地区。帝国第22位君主卡拉卡拉（Caracalla）把公民身份授予所有在帝国管治下的人民。到了3世纪末，由于扩张太快，幅员太广，第49位君主戴克里先（Dioclétien）发现以罗马

恺撒大帝
（公元前100—前44年）
罗马共和国末期的军事统帅、政治家，于公元前49年击败现西欧地区的高卢人后，权力大增，推动各种改革，改变原来的政治制度，实施独裁统治。公元前44年恺撒遇刺身亡后，权力斗争引发内战，最终其养子屋大维成为罗马内战的胜利者，建立罗马帝国。

高卢人
古罗马人在铁器时代对盘踞于今西欧的法国、比利时、卢森堡、荷兰南部、意大利北部和瑞士地区的凯尔特人（Celtes）的统称。

"罗马治世"政策
"罗马治世"是一种政治手段。罗马帝国立国之初仍处于内忧外患之中，为了稳定局面，第一任君主屋大维首先采用军政统治政策，获得大部分军事领导（军阀）的支持，减少了内战的威胁，并把他们调派往东

西前线，成功堵截了东西两面外族的干扰。后代君主相继沿用这些政策，为罗马帝国带来了200多年的相对稳定时期，史学家称之为"罗马治世"政策。

拜占庭

位于黑海入口处，原是古希腊地区一个水上贸易城市，先后被斯巴达人和雅典人管治，196年被纳入罗马帝国的版图。

哥特人

西哥特人

西哥特人是被罗马帝国称为野蛮的日耳曼人之一的哥特人支流，早期生活于西欧南部一带，受罗马人管治。4世纪时联合其他哥特部落和罗马帝国对抗，410年攻陷罗马城。之后，势力不断扩张，遍布伊比利亚半岛大部分地区，于5至8世纪建立西哥特王国。

东哥特人

3世纪前，东哥特人生活在黑海北部，之后由波罗的海（Mer Baltique）地区向南扩张至顿河（Don）和德涅斯特河（Dniestr）一带（今乌克兰西部），4世纪曾被匈奴人征服。

为中心去管治已力有不逮，决定于285年把帝国的管治中心分为罗马和拜占庭（Byzance）东西两个。改革早期，这一措施颇有成效，东西两地持续发展。到了4世纪末，第66位君主狄奥多西一世（Théodose Ier）执政期间，帝国在内忧外患——宗教矛盾（基督教和古罗马原来的多神教）、贪污腐败、外族滋扰等——的情形下，被迫分裂为两个独立的政治体，史称东、西罗马帝国。东罗马帝国定都拜占庭，后改称君士坦丁堡（Constantinople），即现在土耳其的伊斯坦布尔，国祚长达1100多年，后被称作拜占庭帝国（Empire byzantin）。西罗马帝国则持续衰落，410年首都罗马城被西哥特人（Wisigoths）攻陷，被迫迁都至亚平宁半岛（Péninsule italienne）东北的拉韦纳（Ravenna）。3至5世纪间，西罗马帝国还不断受到来自中国北部游牧民族匈奴人（Huns）的攻击，地区动荡不断，引发民族大迁徙，对以后欧洲历史的发展影响甚大。之后，各地部族陆续兴起，西罗马帝国的政权更是岌岌可危。直至5世纪中叶，匈奴才被罗马人连同哥特（Goths）、法兰克（Francs）及其他部族击退，当年被罗马帝国认为是蛮族的日耳曼人（Germains）中的法兰克部族亦由此崛起。约于476年，西罗马帝国便彻底解体了。

485年，法兰克萨利安部族（Saliens）的克洛维一世（Clovis Ier）在基督教的支持下，联合各法兰克部族把罗马人及北方的高卢人赶出境内，吞并勃艮第王国（Royaume de Bourgogne），驱走在阿基坦的西哥特人，建立了历史上第一个法兰克王朝，史称墨洛温王朝（Dynastie mérovingienne）。尔后400多年，原属于西罗马帝国管治的地区，群雄割据，战争不断（有如中国的春秋战国时代）。

8世纪初，王朝的权力实质上掌控在摄政的查理·马特（Charles Martel）手中，719至732年间，他在成功地带领法兰克人在中西部克朗河（Clain）畔的普瓦图（Poitou）地区击退来自北非阿拉伯族群（Arabes）的伊斯兰教徒后，更受国人拥戴，声望达到顶峰。之后，他没有趁此夺取王权，而是帮助他的儿子丕平三世（Pépin III）在现今大巴黎地区几个军阀的支持下登上王位，建立加洛林王朝（Dynastie carolingienne）。

匈奴人

欧亚大陆之间的游牧民族，自1世纪被中国东汉王朝（永元三年）打败后向西迁移，并于4世纪入侵东、西罗马帝国，引发日后欧洲的民族大迁徙。

日耳曼人

没有接受罗马文明洗礼的部族包括东哥特人、西哥特人、汪达尔人、勃艮第人、伦巴底人、法兰克人和所有斯拉夫人等，他们被统称为日耳曼人。

法兰克部族

被称为日耳曼人的支流，自西罗马帝国解体后，一直生活在西欧大陆北部，主要据点是现大巴黎地区。

墨洛温王朝

5至8世纪期间，由法兰克人建立的第一个王朝，统治范围包括现法国大部分地区。尔后，王位被摄政王的儿子丕平三世夺取，他建立了加洛林王朝。

加洛林王朝

8至10世纪统治法兰克王国（Royaume des Francs）的王朝，鼎盛时，俨然是西欧各地区的盟主，基督教（公教或天主教）的保护者。

罗马风时期
（9—12世纪）

Période romaine

地理环境因素

法国位于西欧的中央（南临地中海、西接大西洋、北濒英吉利海峡），境内的五大河谷：罗讷（Rhône）、索恩（Saône）、塞纳－马恩（Seine-et-Marne）、加龙（Garonne）及卢瓦尔（Loire）是天然的交通要道，土地肥沃，也是自古以来族群聚居的地方。

9世纪前，古罗马文明便是循着罗讷河谷进入法国境内的，之后，来自地中海一带的商业活动把威尼斯和东方文化沿加龙河谷带进现在的佩里格（Périgueux）地区。今天，仍然可以见到不少受拜占庭影响的文物和遗迹。

聚居在卢瓦尔河一带的北方人（Northmen）则明显地受到北欧地区渡海而来的维京（Vikings）文化的影响；此外，日耳曼部族之一的法兰克人则盘踞在东部的莱茵河（Rhin）一带和西北的布列塔尼地区。因此，这些来自不同部族、不同地区的生活文化，也令这些地区的建筑产生了不同的变化。

土地资源方面，法国拥有大量容易开采、质量优良的建材：北部卡

基督教
现分为正教、公教和新教三个教派。正教或称东正教，指最早由西亚传入君士坦丁堡、自称为正统的基督教。公教又称天主教，指把原教义再诠释，由罗马教廷传播的教派。新教是16世纪在马丁·路德倡导的宗教改革运动中，脱离罗马天主教的教派，亦称新基督教。

神圣罗马帝国
9至19世纪在中欧和西欧大部分地区的一个仿罗马帝国政治体制、以基督教（天主教）教义号召的政治联盟。法兰克国王查理曼是该帝国最早的名义国王（盟主），但并不拥有管治权。联盟组织十分松散，查理曼在任期间也没有达到原来的政治目的，其死后更是名存实亡。19世纪后，连帝国的名称也退出了历史舞台。

于格·卡佩

（940—996 年）

原是加洛林贵族之后，父亲死后，于 956 年继承了他的爵位（公爵）和财产，是当年法国西部地区最富有、最有权力的贵族。这期间，由于原王朝家族的管治能力持续衰落，王权于 978 年被推翻，于格被推选为继任，是法兰克王国卡佩王朝的第一任君主。

威廉一世

（1028—1087 年）

北欧入侵者维京族的后裔诺曼人。1035 年承袭父亲的爵位成为诺曼底地区大公国公爵。1066 年威廉带领诺曼人、布列塔尼人和法兰克人联军横渡英吉利海峡，成功地击退了挪威人，其后自立为英格兰国王，同时统治英格兰和法国北部诺曼底及布列塔尼地区，与卡佩王朝分庭抗礼。

昂（Caen）地区的石块，质量上乘、质地细腻，适合各种不同的建筑用途，并可大量生产，供应邻近地区；东南部有火山之城之称的奥弗涅（Auvergne）地区出产浮石（ponce）和石灰华（tuffeau），不但色彩丰富，适合各种装饰用途，而且更容易被切割为方块，是建造拱顶（voûte）的上佳材料。

气候方面，北部英吉利海峡地区较其他地区寒冷，湿度较高；西部则受大西洋洋流影响，相对和暖；南方属地中海的亚热带气候。因此，北方的窗户和门洞较大，南方的较小；北方的屋顶坡度较大，以减低积雪的压力，南方坡度较小的屋顶可以避免横向的风压。这些都是各地建筑造型的特色之一。

历史背景

到了 9 世纪，丕平三世的继任人查理曼大帝（Charlemagne）统治期间，国力大增，影响力遍及西欧大部分地区。同时在基督教的支持下，查理曼大帝以宗教名义建立神圣罗马帝国（Saint Empire romain germanique），尝试以宗教的力量来重整西欧的秩序，权力凌驾于各邦国之上，俨然是西欧地区的盟主（如同中国春秋时代的盟主）。可能因为过快和过度的膨胀，未能打好稳固的基础，查理曼死后，王朝由儿子路易一世（Louis Iᵉʳ）继承，国力迅速下滑，更受到来自北方海外部族——维京人的后裔，后称诺曼人（Normands）——的侵略，国家再度分裂为众多小邦国。不但如此，到他晚年，三个儿子为了争夺他的继承权相互攻伐，三年内战，使国力更加一蹶不振。最终，他们签订了《凡尔登条约》(*Traité de Verdun*)，把国家分割为三部分，中部归大儿子洛泰尔一世 (Lothaire Ier)，东西部分别属于二儿子日耳曼的路易 (Louis II de Germanie) 和三儿子查理 (Charles II le Chauve)。东部便是今天德国版图的基础。尽管如此，由于北方人的持续入侵，各封建主们需要加强自己的实力以自保，在这样地方强中央弱的情况下，各地纷纷脱离中央政府建立自己的管治权。

911年，原加洛林王朝成员查理三世为了稳定国内的局势，把东北部诺曼底地区分封给从北方斯堪的纳维亚半岛 (Péninsule scandinave) 渡海而来的挪威公爵——维京人卢鲁 (Rollon)。从此，北欧文化便开始在境内植根，这都反映在日后的建筑设计上。

另一位王族成员于格·卡佩 (Hugues Capet) 则以现今大巴黎地区 (Île-de-France) 为中心，建立卡佩王朝 (Dynastie capétienne)，替代了原来的加洛林王朝，定都巴黎。由于当时阿基坦、奥弗涅、普罗旺斯、安茹、勃艮第、诺曼底和布列塔尼等地区的管治权仍在当地的贵族地主手中，他的政权四面楚歌。

11世纪初，西班牙、德国等地区相继崛起，丹麦、瑞典、挪威等北欧地区也成为拥有独立主权的王国。神圣罗马帝国在这些地区的影响力日渐式微，为了抵御这股崛起势力，中央政府把诺曼底地区升格为大公国（卢鲁时期以伯爵名义管治），由诺曼人罗贝尔大公 (Robert Ier) 管治，不但成功堵截了来自北欧的干扰，他的继任人

腓力一世

（1052—1108年）

腓力一世是法兰克国王亨利一世的儿子，统治卡佩王朝达48年。8岁登基，14岁前由母后摄政。他以圆滑的政治手段周旋于各种势力之间。之后，腓力沿用母亲的政治策略，获得各方支持，有"公平的腓力"之称，影响力日渐加深。据史籍记载，腓力一世曾以卖官鬻爵为王朝积聚财富。

腓力二世

（1165—1223年）

历史学家们认为腓力二世在法兰克王国的成就可与罗马帝国的开国君主屋大维的媲美，故亦称之为奥古斯都·腓力。腓力二世是法兰克王国卡佩王朝路易七世的儿子，王朝的第七任继承人。主要政绩是继父亲之后彻底地解决了长达200多年封建主的困扰和把诺曼人驱赶回英吉利。其后，他把国号改为法兰西 (France)，该名称被沿用至今。

克吕尼修道会教令
（ Ordre de Cluny ）

克吕尼修道会是一个天主教修
道会，在法国中部勃艮第省克
吕尼小镇，属本笃（Bénédicte）
教会分支。910至919年期间，
克吕尼修道会发起整顿修道院
纪律的改革，颁布了克吕尼修
道会教令。11至12世纪间，整
顿遍及西部地区，史称克吕尼
改革（Réforme Cluniste）。其
间，运动领导者希尔德布兰特
（Ildebrando）当上教宗（教宗
格列高利七世）后，正式为神
职人员制定教规，鼓吹教义至
上，公开参与政治，与世俗君
主争权。12世纪初教会在西欧
拥有300多座修道院，修士万
余。克吕尼修道院以建筑雄伟
来彰显宗教力量著名，可惜于
1800年在内战中被摧毁，但无
论如何，对日后宗教建筑的
设计风格影响深厚。

戈弗雷公爵
戈弗雷是法兰克王国的男爵，
布永（今比利时城市）的贵
族，自1096年起一直带领十字
军向东征战。1099年攻陷耶路
撒冷城（Jérusalem）后，曾被
推举为耶路撒冷国王，但他拒
绝了，因为他认为耶路撒冷只
有一个国王——"耶稣基督"，
他只能以基督保护者自居。

威廉公爵更占领了现英吉利（Angleterre）地区，并自立为英吉利国王，史称威廉一世（Guillaume le Conquérant），揭开了几百年法兰西人和诺曼人不断相争的序幕。11世纪末，卡佩王朝国力上升，第四任国王腓力一世（Philippe Ier）于1077年把诺曼人驱赶回诺曼底地区，并与英吉利王国对峙。

这几百年来，王室贵族拥有绝对权力，垄断了土地、医疗、教育、军事，以及各种生活资源，老百姓只能替他们工作或成为他们的佃户，也要依赖他们的保护，这是当时的封建制度之社会模式。到了12世纪，卡佩王朝的第六任君主路易六世（Louis VI）为了压制不断膨胀的封建主的权力，毕生致力于在境内对付那些贪得无厌的封建主，成功地实行了中央集权及城乡行政制度（和中国秦代的郡县制度相似）；同时，在国家的带动下，成立了工艺训练系统，积极为宗教和非宗教建设培育能工巧匠和设计人才。境外则与英格兰国王及兼任诺曼底公爵的亨利一世（Henri Ier, Duc de Normandie）周旋，虽然成就不大，但极获老百姓拥戴。

可是，继承他王位的路易七世和来自当时西欧最富有实力的阿基坦王族的妻子埃莉诺（Aliénor d'Aquitaine）离婚。其后，埃莉诺改嫁给比她年轻20岁、当年在安茹及南特封地拥有管治实权的伯爵、诺曼底公爵亨利，亨利公爵因此获得阿基坦的管治实权。两年后，更成为英吉利国王亨利二世（Henri II）。至此，英王朝的管治权覆盖了半个法国。

1180至1223年期间，卡佩王朝在另一位王位继承人腓力二世（Philippe II Auguste）的统治下再度崛起，成功解决了长期的封建主的问题，也收回了诺曼人在法境的管治权。之后，法国就掀开了一页历史的新章。

无论如何，自9世纪到12世纪期间，法国本土的变化、外来的影响、法国人的遭遇和经验，都被记录在这300多年被史学家称为罗马风时期的建筑中。

西罗马虽亡，它的建筑文化却在这些地方衍生变化了几百年。到9世纪时，即中国唐末、五代的时候，这些地区的建筑才慢慢脱离原来的轨迹，初步形成新的风格。但是，由于仍然保留了不少古罗马建筑的基因，建筑史学家称之为罗马风建筑，意思是"不是古罗马而又像古罗马"的建筑风格。

宗教影响

像古罗马文明一样，基督教也是从那些河谷进入法国的，最初是在罗讷河谷的里昂（Lyon）地区出现。约于55年，由于迁徙而来的高卢族主教分别在阿尔勒（Arles）、纳博讷（Narbonne）、里摩（Limoges）、克莱门费朗（Clermont-Ferrand）、图尔（Tours）和图卢兹（Toulouse）等中南部地区建立教堂，基督教遂在各地区迅速发展。3世纪时期的巴黎本地人主教圣但尼（St. Denis）更于日后被封为圣人。

▶ 砖石结构、半圆拱顶、壁柱等都是古罗马建筑的基因

▶ 回廊和内庭院示意图

10世纪初，东部的克吕尼修道院（Abbaye de Cluny）颁发了新的教令，减少昔日教堂复杂奢侈的装饰而强调简洁宏伟的风格，此后，各地纷纷仿效。到了11世纪，基督教信众普遍接受了修道者应要清心寡欲，生活应要与世俗隔离，除静心研学宗教道理外，也要学习设计艺术。这也是宗教艺术进入建筑设计领域的主因。

1095年，法国响应了教宗乌尔班二世（Urbain II）的号召，腓力一世以神圣罗马帝国的名义派遣戈弗雷公爵（Godefroy de Bouillon）带领十字军（Croisés）开始了第一次东征。东西文化的接触，对日后法国建筑艺术也有深远的影响。但无论如何，这300多年的罗马风建筑风格也可以卢瓦尔河谷为界，概分为南北两种不同的特色。

▶ 拱顶和承重墙示意图

▶ 尖拱和圆拱示意图

▶ 双塔式教堂示意图

在南方普罗旺斯大区的阿尔勒、尼姆、奥兰治以及罗讷河谷一带各城镇，受古罗马建筑文化影响深厚。教堂立面装饰丰富，回廊设计幽雅。阿基坦、安茹等地的教堂没有走廊，中殿上空以拱顶覆盖在承重墙上，这样的建筑结构和古罗马浴室的相似。早期的尖拱形窗户和门洞都是受到伊斯兰文化的影响。

北部受古罗马建筑文化的影响较小，设计手法也较灵活。教堂立面采用双塔式设计，特别是向西的多以扶壁来丰富立面的效果；室内柱子较轻盈，间距较密，以支撑延续性的拱顶。教堂早期中殿上空多以四方形组合的肋拱覆盖，渐渐发展为长方形或半椭圆形的组合；后期更将肋拱、尖拱和飞扶壁组成一个新的结构组合，成功地摆脱了古罗马建筑技术的桎梏，是早期哥特建筑风格的雏形。

▶　典型的肋拱范式

▶ 肋拱、尖拱和扶壁结构组合示意图

卡尔卡松城堡：法国罗马风建筑之源

（Cité de Carcassonne，公元前1—13世纪）

卡尔卡松

城堡原是一种处于重要战略要塞，进可以攻、退可以守的长期的军事设施。卡尔卡松城堡位于法国朗格多克－鲁西永大区（Languedoc-Roussillon）奥德省（Aude）河谷地区，交通方便，水路有河道接连大西洋和地中海，陆路可通往中央高原（Massif Central）各地，北方的比利牛斯山脉是法国与西班牙之间的屏障，易守难攻。从新石器时代起就有高卢先民在卡尔卡松聚居，城堡的建设则是由那混乱的岁月开始的。

自公元前1世纪，恺撒大帝征服高卢人后，卡尔卡松便成为罗马帝国的殖民地，受罗马文化洗礼。其后，帝国积极扩张，这里便成为帝国与伊比利亚半岛之间最早的军事要塞，也是后来"罗马治世"政策的重要施行地之一。直至5世纪，西罗马帝国被西哥特人击败后，这里便由西哥特人占领，但不久西哥特人又被崛起的法兰克人赶走。此后，法兰克部族在法国地区兴起，建立了历史上的第一个法国王朝——墨洛温王朝。

现在看到的卡尔卡松城堡是在早年罗马人建设的基础上，经历了不同种族、不同朝代的洗礼而形成的，虽然几经风雨和战争的破坏，但看到现在的城墙、大小碉堡、露天剧场、内城堡、教堂、残缺的构件、桥梁和那干涸的护城河等，仍可以想象出当年的模样。

罗马人的城堡建筑技术来自伊特鲁里亚（Étrurie）人，他们是最早移民到意大利北部的古希腊人的后裔，公元前被纳入罗马共和国的管治对象范围，擅长以石块建造桥梁和道路、挖坑、运水、凿山等大型工程，拱券式的建筑结构也是他们创造出来的。意大利半岛（亚平宁半岛）属火山地区，缺乏石块，却有丰富的黏土、火山灰。黏土可以制成砖块；火山灰和碎石及沙粒用水混合，干后可凝固为一体，是最早期的混凝土，与石块和砖块混合使用，既可加强建筑物的承重能力，又可以使建筑物更加坚固。卡尔卡松城堡的所有建筑构件都是石块、砖块和混凝土三种技术交替使用的成果，也是罗马人比欧洲其他地区的建筑技术更先进的例证。由于石块比砖块结实，防御功能更强，所以成本较高。有趣的是，可以从建筑物构件使用石块的数量和方法中（哪里使用石块、哪里使用砖块）发现当年罗马人的防守策略。

自1世纪初，卡尔卡松便是罗马帝国对海外扩张的军事要塞，所以罗马人开始在这里兴建城堡，城堡由军队和封建主（史载是伯爵级的军事领导）驻守，有独立的行政统治权，直接向中央政府负责。高卢人则居于城外，负责农耕工作和替地区政府服务，军事上受统治者保护。

罗马帝国时期城堡的规模不详，但从当年建筑技术的水平推算，大概是现城堡东北和西北的大部分地区。现城堡面积约76,000平方米，包括内外城墙。外城墙长约1350米，沿墙设有19座碉楼，以护城河

▶　古罗马城墙遗迹

▶ 内外城墙之间的防御性通道

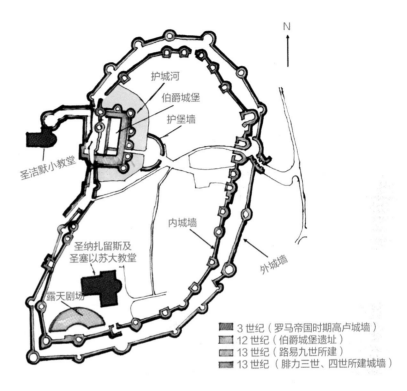

N

护城河
伯爵城堡
护堡墙

圣洁默小教堂

内城墙

圣纳扎留斯及
圣塞以苏大教堂

外城墙

露天剧场

■ 3 世纪（罗马帝国时期高卢城墙）
■ 12 世纪（伯爵城堡遗址）
■ 13 世纪（路易九世所建）
■ 13 世纪（腓力三世、四世所建城墙）

▶　城堡平面示意图

围绕；内城墙长约1100米，设有26座碉楼。主城门在东南城墙偏东的位置，可通过桥头堡、瓮城和内城门直入城堡中央；次入口在西北城墙中央；墙内有防御性通道通往城内及内城堡。原内城堡建于12世纪初，在13世纪初的战争中被毁坏，现在看到的城堡和外城墙是路易九世在位时整修和加建的。西北部分的内城墙则在稍后由腓力三世和四世修缮及加固。这时候，法国的建筑风格已开始进入哥特时期了，从这些建筑构件中已可以看到哥特风格的缩影。至于那位于城堡西南端的露天剧场的建造时期，已没有文献可考，但从建筑技术和设计风格去推断，应该是罗马帝国管治年代遗留下来的建筑物。

邻近露天剧场的教堂是法兰克王国腓力三世和四世为奉祀传说中的天主教殉道者圣人圣纳扎留斯（Saint-Nazarius）和圣塞以苏（Saint-Celsus）在前教堂基础上重建的。前教堂于13世纪初在与异教徒的战役中被摧毁，只剩下大堂和西立面，原设计属于9至12世纪罗马风时期的建筑风格，重建部分则采用了13世纪以后的哥特建筑手法。可以说，现建筑是两种不同建筑风格混合的成果。

教堂平面是罗马风建筑的十字架形式，西立面与祭殿之间长约50米，大堂（nave）宽16米，南北耳堂（transept）之间长34米、宽12米，南耳堂外有当年主教拉道夫（Radulphe）的祭堂和圣家，耳堂与大堂外侧加建了小祭堂。值得留意的是，首先，大堂分隔主堂和侧堂的列柱以圆柱和方柱相间的手法十分罕见，证明建筑师已摆脱了古希腊和古罗马的柱制局限。其次，大堂仍是原来罗马风建筑的承重墙结构，因此窗户较小；重建部分则改为用柱子承重，这样窗户较大，透光度较强。这两种不同建筑风格结合产生的一明一暗的效果，为教堂带来了意想不到的宗教气氛。此外，侧堂上空的圆窗至今仍是法国南部最早期的玫瑰窗（rose window），它和其他耳堂与祭堂上空的16个尖拱式窗户，以及以彩色玻璃描绘圣经故事的装饰手法，是日后哥特式教堂仿效的范式。

▶ 主进口及桥头堡

▶ 次进口的防御性建筑

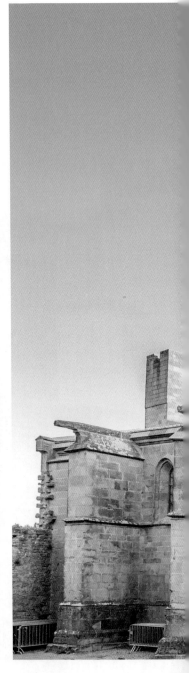

▶ 哥特式建筑特色的尖拱顶

▶ 圣纳扎留斯及圣塞以苏大教堂

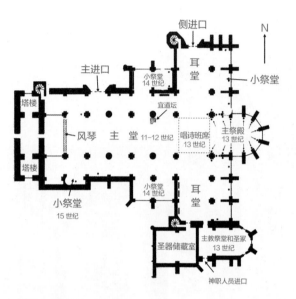

侧进口

N

主进口

小祭堂
14 世纪

耳堂

小祭堂

塔楼

宜道坛

风琴

主 堂
11~12 世纪

唱诗班席
13 世纪

主祭殿
13 世纪

塔楼

小祭堂
14 世纪

耳堂

小祭堂
15 世纪

圣器储藏室

主教祭堂和圣家
13 世纪

神职人员进口

▶ 教堂平面示意图

从教堂造型来看，传统的主立面和主进口大都设在西面，但教堂的西立面设计十分简约，没有任何装饰，像一个防御工事，进口处的门十分狭窄。北立面的进口则十分宽敞。嵌入式的门庭，是罗马风建筑风格的主入口范式。至于为什么如此修建，原因不明，也许是和卡尔卡松城堡的整个防御策略有关吧。

到了 19 世纪初，城堡已十分破落，政府有意把它拆除并规划用作他途，但遭市民极力反对。之后，著名的哥特建筑大师勒·杜克受聘将其修缮成现在的样子，也唤起了世人对历史文物保护的关注。

▶　自然光射入教堂内的效果

▶ 哥特风格的尖拱和玫瑰窗

▶ 教堂的北立面主进口

圣米歇尔山：英法的恩怨情仇

（Le Mont-Saint-Michel，8—15世纪）

芒什省

都说法国和英国在欧洲历史上是一对欢喜冤家，有时是最亲密的盟友，有时又是对抗的双方。两者联姻不断，加洛林王朝国王路易七世的妻子埃莉诺甚至还改嫁给了英吉利的亨利二世，关系纠缠不清。无论如何，英法两国之间的恩怨大概可以从圣米歇尔山开始说起。

圣米歇尔山地处法国西北芒什省（Manche）北部沿海，面向英伦海峡，是位于库埃农河（Couesnon）和很多不知名小河流交汇的三角洲上的一块巨石，原名托巴山（Mont Tombe），属早期芒什省阿夫朗什教区（Diocèse de Coutances et Avranches）范围。该地区的宗教活动在那混乱的岁月里，没能被完整地记载下来，从零碎的史料推算，早在4世纪西罗马帝国衰落前后，基督教已由哥特人带进该地区。8世纪初，托巴山已成为宗教的活动中心，以及修道者、传教士、僧侣和奉献者的集中地。708年，阿夫朗什主教圣欧拔（Saint Aubert）以天使长圣米歇尔——领导天使对抗魔鬼撒旦、保护世人的神祇——的名义建立宣道台。709年，海啸破坏了岛上大部分的建筑，并把托巴山变为陆离岛。710年，教区人员对托巴山的修缮工程完工后，宗教活动在那里持续进行。8世纪末，加洛林王朝查理一世（亦称查理曼大帝）登基，把圣米歇尔奉为国家的保护神，此后，托巴山更获得朝廷的重视，易名为圣米歇尔山。

▶ 修复后的教堂外貌

847年，在圣米歇尔山的宗教活动如日中天的时候，法国西北地区（现诺曼底大区）被来自北海的维京人占据，圣米歇尔山更被攻陷，宗教活动一度停止。911年，法兰克王朝查理三世和维京人首领卢鲁签订《埃普特河畔圣克莱尔盟约》（Traité de Saint-Clair-sur-Epte），卢鲁被封为诺曼底伯爵（Comte de Normandie）。从此，诺曼底地区便是他们的领地，其后裔被称为诺曼人（或北方人）。其后，伯爵亦被改封为公爵（Duc）。卢鲁不但不反对基督教，反而对教徒更友善，把因战争而被破坏的建筑修复得更具规模，并且用优厚的条件吸引离去的神职人士回圣米歇尔山。他的慷慨改变了圣米歇尔山昔日的朴素和清修教条，来自诺曼底贵族的财富渐渐地腐化了僧侣的生活方式，到了卢鲁的儿子威廉（Guillaume de Longue-Épée）执政时期，圣米歇尔山的奢靡生活变本加厉，僧侣们时常陪贵族们吃喝玩乐，其行为已脱离宗教意义了。

理查一世（Richard I）于942年继承父亲威廉的爵位后，曾经尝试用他的权力改变圣米歇尔山的状况，最初并不成功，后来在罗马教宗约翰十三世（Jean XIII）和加洛林王朝国王洛泰尔（Lothaire de France）的同意及其他教区的支持下，宣布以本笃会教令（Ordre de Saint-Benoît）强行将圣米歇尔山恢复成往日的宗教状态，不料除了一个僧侣其余的全部都离去了。966年，理查一世委任诺曼底地区本笃会的圣华达希尔修道院（Abbaye Saint-Wandrille）院长梅纳德（Abbé Maynard Ier）在圣米歇尔山成立修道院和建造第一座教堂。教堂的设计属于基督教前期（Christianisme primitif）建筑风格，

▶ 腓力二世资助兴建的修道院回廊

规模不大，布局简单，仅仅是在古罗马建筑的大堂（Église à plan basilical）长方形平面顶上加上一个半圆的祭堂（abside）而已。11世纪初，理查二世执政，委任意大利建筑师沃尔皮亚诺（Guillaume de Volpiano）采用罗马风建筑手法（Architecture romaine）改建教堂，新教堂比原来的规模大，拉丁十字平面布局，耳堂和大堂的交会处被布置在山的最高点上。

12世纪时，在亨利二世的政治顾问托里（Robert de Torigni）领导下，圣米歇尔山的发展达到了历史高峰。亨利二世便是那个娶了加洛林王朝路易七世弃妻的诺曼底公爵。

12至13世纪期间，圣米歇尔山发生了很大的变化。卡佩王朝腓力二世开始实行强国政策，首先收回了诺曼底封地，然后在布列塔尼公爵（Duc de Bretagne）的协助下，攻陷了圣米歇尔山，可惜过程中大部分的建筑被摧毁。为了奖励他的盟友，腓力二世把圣米歇尔山的管治权交予布列塔尼，同时亦送给修道院一笔丰厚的资金，用以修复所有被破坏的设施。今天看到哥特风格的教堂和那装饰十分漂亮的修道院回廊、住舍及饭堂，便是那次修复的成果。至于那些防御工事，包括塔楼、保卫墙等，则是在瓦卢瓦王朝对抗诺曼人的"百年战争"（Guerre de Cent Ans）期间由查理六世（Charles VI）加建的。自诺曼人全面退到英吉利后，圣米歇尔山便成为法兰西王朝统一的象征。

▶ 仍保留着罗马风影子的建筑群

圣塞宁大教堂：法国罗马风建筑的基本范式

（Basilique Saint-Sernin，1080—1120年）

图卢兹

圣塞宁大教堂位于法国南部，现奥克西塔尼大区上加龙省的首府图卢兹，是原圣塞宁修道院剩下来的唯一的建筑物，兴建于1080至1120年，也是欧洲最大和同时期最具代表性的罗马风教堂。

教堂宏大的规模有赖于当年神圣罗马帝国的君主查理曼，他捐献给教会的一批圣人骸骨（类似佛教的舍利子）存放于此。还因为这座教堂位于去西班牙基督教圣地圣地亚哥 – 德孔波斯特拉古城（Saint-Jacques-de-Compostelle）朝圣的必经之路上。

教堂长约110米、宽64米、高21米，面积达4300平方米。平面虽仍采用古罗马会堂式（basilique）布局，但和以往的却有很多不同之处。建筑主体虽是会堂式的长方形，但在两侧加上了耳堂，形成十字形布局；主堂及侧堂上空分别采用了骨拱式的天棚；祭殿以祭台为中心，放射式地在半圆形外墙及耳堂两侧建了九个供奉圣人遗骨的祭堂；教堂内部周边及祭殿均设有走廊，让朝圣者在瞻仰圣人遗骨时，不会干扰进行中的弥撒仪式。

除一些装饰性的石块及雕塑外，整幢建筑物采用的红砖和那不寻常的大体积，都是和9世纪之前的教堂建筑不同的地方。

▶ 骨拱式天棚

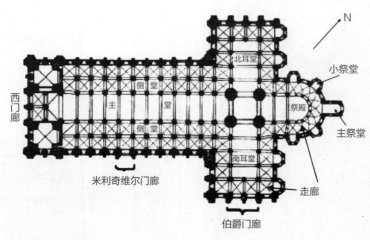

▶ **教堂平面示意图**

从外观来看，最触目的是在主堂和耳堂交接点上空的八边形钟塔，钟塔以红砖建造，高65.5米，五层。底部三层与教堂同期兴建，其余两层在14世纪加建，均采用了罗马风建筑的拱洞及壁柱装饰。到了15世纪后哥特建筑时代时，设计师才给钟塔加上了尖顶。很值得一提的是，塔楼与地面垂直，而尖顶轻微向西倾斜，但视觉上两者浑然一体。这个古希腊的视觉效果设计手法（雅典卫城的帕特农神庙就采用了此手法）在这里再次被应用。

从外观来看，西立面应是教堂主要的进口，但除了一些结构上的扶壁、门廊、拱洞和大圆窗外，西立面没有任何装饰，反而令人觉得主进口是在南立面的米利奇维尔门廊（Porte Miègeville）和伯爵门廊（Porte des Comtes）。顾名思义，米利奇维尔门廊是朝米利奇维尔市

▶ 八边形钟塔

中心方向的，应该是最方便教徒和朝圣者进入的门廊；门廊装饰丰富，门洞上方的耶稣雕塑被认为是罗马风时期最具代表性的艺术品之一；门廊正对着的拱门是16世纪文艺复兴时期的作品。伯爵门廊因廊内存放着早期基督教贵族石棺而得名，最值得欣赏的是那八条柱顶的雕塑，描绘了《路加福音》记载的麻风病穷人获得永生和狡猾富人被罚入地狱的故事。相信这是只供神职人员进出的门廊。

欣赏该教堂最佳的建筑造型还是要由东北面的立面开始，那里能看到祭殿、祭堂、钟塔和其他建筑构件相互呼应，有秩序、有节奏、有韵律，和谐地融为一体，是研学建筑艺术的好样本。

此外，教堂内那被教宗乌尔班二世（Urban II）祝圣的云石祭台、地下墓室，和被称为法国三大管风琴之一的圣塞宁教堂管风琴——其余两者是巴黎圣叙尔比斯教堂（Église Saint-Sulpice）管风琴和鲁昂圣旺教堂（Abbaye Saint-Ouen de Rouen）管风琴——都是该教堂值得欣赏的文化遗产。

▶ 教堂西立面

▶ 米利奇维尔门廊

▶ 伯爵门廊

▶ 东北面的立面造型

昂古莱姆主教座堂：王朝家族之争的见证

（Cathédrale Saint-Pierre d'Angoulême，1105—1130年）

昂古莱姆

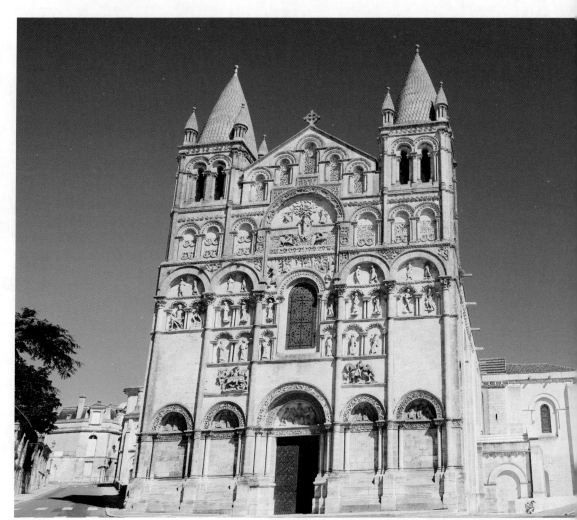

昂古莱姆主教座堂位于新阿基坦大区夏朗德省的首府昂古莱姆。在基督教传入之前，该堂址原是罗马人统治时期的神殿，于507年在法兰克国王克洛维一世对抗西哥特王国的战争中被破坏；560年在原址上第二次兴建的基督教堂也于数世纪后在与诺曼人的战争中被烧毁。

现座堂于12世纪兴建，由诺曼人主教谢拉特二世（Gérard II）设计，他是著名的教授、艺术家，也是教宗派驻该地区的特使及英吉利国王威廉一世的智囊，在当时的政治和宗教领域都是名重一时的人物。

原建筑工程由1105年开始，1130年完成，现在看到的是其后曾被多次破坏和经过部分重建后的模样。例如，耳堂上空的一个钟楼和钟楼之间的穹隆顶在16世纪一次公教和新教对抗的战争（Guerres de Religion）中被破坏，说是宗教战争，其实是卡佩王朝两个具有强大实力的波旁家族（Maison de Bourbon）和吉斯家族（Maison de Guise）的权力之争，胜利者之后更建立了封建时代最强盛的波旁王朝（Dynastie de Bourbon）；西立面两边的塔楼于1885年才被加上去。

座堂长约76米、最宽处约52米、面积约1780平方米，呈拉丁十字架形。主堂长约46米、内宽15.5米，设有侧堂。座堂上空由主堂的

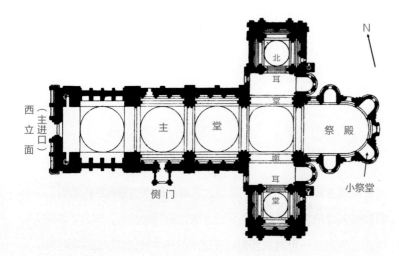

▶ 座堂平面示意图

三个小穹隆、主堂与耳堂交点上的大穹隆组成，它们坐落在三角形的帆拱上，由庞大的外柱承托，这样的结构技术明显受到拜占庭建筑的影响。其余的建筑构件如门洞、窗洞、壁柱等仍多保留着古罗马时期的基因，是该座堂的特色。因此，昂古莱姆主教座堂也被认为是拜占庭建筑形式的罗马风建筑。

从远处看，很容易发现一个很奇怪的地方，北耳堂上空只有一个比主穹隆顶还要高、和座堂比例及造型都不相称的钟楼。原来南面被破坏的钟楼从没有被修复，缺口只用金字塔形尖顶覆盖。大概那消失了的钟楼记录了法国历史上的一个重要事件吧。

要欣赏罗马风时期的雕塑艺术，就要到座堂西面的正立面去，那里有以"耶稣基督升天"和"最后的审判"为主题的雕塑，都是原封不动地被保留下来的艺术作品。

▶ 座堂内部

▶ 拜占庭建筑的帆拱结构示意图

▶ 北耳堂上空的钟楼

▶ 座堂"耶稣基督升天"雕塑局部

▶ 座堂 "最后的审判" 雕塑局部

哥特时期

（12—16世纪）

Période gothique

地理环境因素

哥特时期的建筑大概可以中部的卢瓦尔河分为南北两部分。北部是法兰克部族聚居地，南面则跟罗马人有密切关系，因而南北两地的建筑文化有别，除地理环境因素外，还有血缘关系因素。例如，南部早期移民普罗旺斯地区罗讷河谷的罗马部族带去了罗马风时期的建筑特色，300年后，因为同样的原因，哥特建筑风格也开始在这里扎根。

在马赛（Marseille）与波尔多（Bordeaux）之间，穿越法国西南部和西班牙的加龙河地带是当年的主要东西商业走廊，不可避免地融合了来自意大利北部的拜占庭传统和西面的摩尔（Mauresque）文化。

中南部多山的奥弗涅大区出产的火山岩，为该区域的建筑物带来了丰富的色彩。南部仍沿用当地大理石，但石头质地较粗糙，和毗邻的意大利出产的形成强烈的对比。北部长时期都是诺曼人的活动地区，因此，无论什么时期的建设都有诺曼文化的影子。

大巴黎大区以巴黎为中心，被塞纳－马恩河、马恩河（Marne）围绕着，长期都是法兰克王国的政治经济重地。十字军东征时引入的尖

哥特时期

这里是指以建筑风格来划分的12至16世纪。哥特一词的来源有不同的说法。有说是15世纪前，欧洲所谓的文明人都是以希腊罗马文化为主流，未被罗马征服或是威胁罗马管治的部族，被统称为日耳曼人——蛮族。其中哥特人对罗马帝国冲击最大，因此，哥特人日后被意大利人当作野蛮人的代表。另一说是，哥特人早在5世纪前已信了基督教，但对"神"的看法，在教义上和罗马教会不同。此外，在文学艺术的理念上和传说的罗马风格也大有差异。因此，文艺复兴时期常用"哥特"一词比喻离经叛道、推翻传统秩序的捣乱者。

拜占庭传统

拜占庭在公元前希腊化时期（Époque hellénistique）原是希腊殖民的小镇，位于黑海入口，其后被并入罗马帝国版图。罗马帝国分裂为东西两个帝国后，这里是东罗马帝国的首都，国

祚长达千年，史称拜占庭帝国。拜占庭文化继承了古罗马文化，为了争取邻近地区的支持，又吸纳了地中海沿岸及西亚各地的文化传统。

同样，建筑设计也兼容了不同的文化特色，教堂采用十字形平面（plan croisé），横竖交接点上方装上巨大的穹隆顶（dôme），四周以众多小穹隆或半穹隆围绕，以马赛克宗教图像代替雕像作装饰等。6至7世纪是帝国的全盛时期，文化艺术影响了地中海沿岸各地区。

摩尔文化

摩尔人是来自北非信奉伊斯兰教的阿拉伯民族。8至15世纪之间统治了现西班牙南部的大部分地区。长达700多年的统治对西班牙语言、文化、艺术与建筑等产生了深远的影响。建筑方面，修长的柱子、马鞍形的拱门、屋顶上的小塔楼、精致的几何图案装饰和雕塑等，都是摩尔建筑文化的特色。

十字军东征

指的是1096年在罗马教宗乌尔班二世的号召下，欧洲基督教国家以神圣罗马帝国名义组成联盟军，向西亚伊斯兰宗教地区先后发动的十多次战争。虽

拱结构技术在这里得到全面发展，也影响到沙特尔（Chartres）、拉昂（Laon）、勒芒（Le Mans）、亚眠（Amiens）及兰斯（Reims）等邻近地区。

此外，距巴黎地区的西北部不远，临近英吉利海峡的小镇卡昂盛产石灰岩，这种石灰岩是适用于尖拱风格建筑的优质建材。北部阴天较多，尖拱式结构可容纳更高大的花格子窗，让更多阳光进入室内。

历史背景

10世纪，卡佩王朝之前，法国地区是由有着各种不同种族、语言、风俗习惯的政治势力组成，因此当时的封建制度中一直存在着王权和封建主之间的矛盾。王朝建立之初，王权受到老百姓拥戴，因此，11和12世纪的大部分时间社会都比较稳定。之后，由于朝政腐败、管治不力，王权与封建主之间矛盾加剧，再次争斗不断。

到了13世纪，腓力二世宣布褫夺英格兰国王约翰（Jean sans Terre）在法国的所有封地和爵位，继而消灭境内所有的反对势力，国力渐渐强盛起来。他的孙子路易九世（Louis IX）更使境内所有非公教势力都臣服于他。这时候，法国在境外的地中海、大西洋以至英吉利海峡地区的领土更扩张了几乎三倍，国力进一步得到了巩固。这一阶段也是法国大量兴建教堂的时期。

13至14世纪，卡佩王朝第十一位君主腓力四世（Philippe IV）在统

治期间，实行中央集权，剥夺封建主和教会的权力，甚至杀死教宗博义八世（Boniface VIII），更强迫教宗克雷芒五世（Clément V）把教廷迁到法国。此后，宗教在建筑方面的影响逐渐减弱。

到了14世纪中叶，瓦卢瓦家族的腓力六世（Philippe VI）在接替卡佩家族政权时驱赶了荷兰族人（日耳曼各部族的混合群），更于1337年向英格兰发动了历史上著名的"百年战争"，战争各有胜负，双方一直处于胶着状态。其间征战不断，更由于1347至1349年间黑死病（peste noire）在欧洲肆虐，使建筑发展的步伐一度放慢。

15世纪，在瓦卢瓦王朝第五任君主查理七世（Charles VII）统治的年代，"圣女贞德（Jeanne d' Arc）"事件激起了全国人民的爱国热情，终于在1453年把所有英格兰势力驱逐出境，结束了100多年的英法对抗。

路易十一（Louis XI）继任后，兼并了中部的勃艮第、北方的亚多亚和东南部的普罗旺斯，实行中央集权。他的儿子查理八世（Charles VIII）与布列塔尼的安妮公爵结婚后，该地区也被纳入法国版图，国家从此统一，结束了中古时代的动荡局面。自国家稳定后，经济复苏，建筑活动也慢慢蓬勃发展起来。到了15世末，一些土地肥沃的区域和工业重镇，如阿拉斯（Arras）和鲁昂（Rouen）等，出现了不少华丽的庄园大宅（château）和可供中央外派官员临时居住和办公的建筑。这时候，距法国南部不远的意大利已经进入了文艺复兴时期。

然未达宗教目的，但逾300年的征战、数世纪的文化接触，却意外地为欧洲的建筑理念发展带来了新的动力。

历史学家对十字军东征的目的意见不一。有说是为了欧洲教徒打通往圣地（基督教发源地包括现以色列、巴勒斯坦和黎巴嫩地区）的朝圣之路。也有说是11世纪期间，欧洲各国仍然在政治经济利益上纷争不断，为了解决矛盾，在教廷的号召下，区内的宗教力量凝聚了起来，一致对外，协助拜占庭对抗来自亚洲信奉伊斯兰教的穆斯林部族的威胁而发动了圣战。还有说圣战表面上是宗教战争，实际上是经济贸易之战，因为横跨欧亚的丝绸之路受到盘踞在中亚和西亚的穆斯林部族威胁，欧洲封建贵族的利益受到了损害。从时间上推算，东征之初，正是北宋末年，中国北方饱受辽金威胁，无力管理丝绸之路的秩序之际。元朝时，这些地区更是动荡不安，丝路中断。到了15世纪，明朝永乐年间，十字军最终失败而回。同时期，中国朝廷为了开辟水上贸易，派遣郑和七次下西洋，可惜最远只到达了非洲东岸，并且郑和在最后一次回程中病逝，否则世界版图都有可能被改写。这也可能是数十年后欧洲大航海的前因。

宗教大分裂

1309年，法兰克国王腓力四世胁迫教宗克雷芒五世把教廷从意大利罗马迁往法国境内的阿维尼翁。1377年，阿维尼翁教廷第七任教宗格列高里十一世（Grégoire XI）把教廷迁回意大利罗马。翌年格列高里十一世去世后，教廷希望新教宗是罗马人，但没有合适的候选人，结果主教团选择了那不勒斯人乌尔班六世（Urbain VI）。乌尔班六世继任不久，进行了多项宗教改革，却受到第十三位法籍枢机主教反对。后者在意大利中部城市阿纳尼（Anagni）另组主教团，推选法兰克人克雷芒七世（Clément VII）为教宗。因此，仍执掌着罗马教廷的乌尔班六世决定重组罗马主教团，把克雷芒七世及其支持者逐出教会。这时候意大利境内同时存在两个分庭抗礼的教宗和教廷，史称宗教大分裂。

宗教影响

在12至13世纪期间，西欧的封建领主等以神圣罗马帝国名义对东面的伊斯兰地区，发动了多次十字军东征。其间，为了鼓吹宗教热情，各城镇大量兴建宏伟的教堂，和罗马风时期较重视兴建修道院的政策有很大区别。

同时期，王权高于神权，宗教必须依附着王朝的军事力量。教宗克雷芒五世于1309至1377年期间，在法兰克国王腓力四世的胁持下，将罗马教廷迁往法国东南部的阿维尼翁（Avignon），史称阿维尼翁教廷（Papauté d'Avignon）。这是造成以后的宗教大分裂（schisme），导致各教派祀奉不同的神祇（圣人）而形成不同的朝圣中心的主因。这时期，教堂建筑像雨后春笋，快速地改变了各地城市的文化景观。

圣女贞德

传说中，圣女贞德原是一个农家女孩，13岁时在田野上遇见三位天使和圣人显灵，传给她"上主的"启示，要她协助查理七世收复在英吉利人控制下的土地，并赋予她超越常人的能力。贞德16岁参军，在英法对抗的百年战争中多次领导军队击退入侵者，并解奥尔良法军被围之困。1430年在对抗勃艮第公国战争中被俘，其后被转送到英吉利控制下的宗教法庭受审，以异端和女巫罪被判以火刑，离世时年仅19岁。此后，圣女贞德一直都被视为法国的国家英雄、民族象征。500年后，更被罗马梵蒂冈教廷（Vatican）封为宗教圣人。

阿维尼翁古城、断桥、教宗宫：王权与神权相争之挟教宗以令诸侯

（Avignon, Pont Saint-Bénézet, Palais des Papes，5—15世纪）

阿维尼翁

曾被称为"大风之城""河神之都"的阿维尼翁古城位于普罗旺斯 – 阿尔卑斯 – 蔚蓝海岸（Provence-Alpes-Côte d'Azur）沃克吕兹省（Vaucluse），罗讷河左岸。罗讷河是连接地中海和法国中部城市里昂的主要水上动脉。阿维尼翁在公元前已是古希腊人和腓力基人在该地区主要的贸易据点，政治、经济和军事上的地位十分重要。

在罗马共和国和罗马帝国期间，阿维尼翁一直被视为在阿尔卑斯地区的海外殖民地，自西罗马帝国衰落后，阿维尼翁也进入了动荡的岁月。5 至 9 世纪，阿维尼翁先后由东、西哥特人盘踞，法兰克人的墨洛温王朝管治，也曾落入阿拉伯穆斯林部族撒拉森人（Sarrasins）之手。最终法兰克加洛林王朝击退撒拉森人，阿维尼翁又再成为封建主的领地，局势才稍微缓和一些。

10 至 12 世纪，阿维尼翁古城又经历了多次政治和宗教变革。932 年，普罗旺斯和勃艮第的封建主联合组成阿尔勒王国（Royaume d'Arles）（有如中国封建主的联盟国），阿维尼翁是王国最大的城市。973 年，普罗旺斯伯爵威廉一世（Guillaume Iᵉʳ de Provence）把撒拉森人彻底赶出法国境内后，晋升为阿尔勒伯爵，获得了这个封国的管治权。

1032年，神圣罗马帝国皇帝康拉德二世（Conrad II）继承阿尔勒王国管治权后，以罗讷河为界，把阿维尼翁分为东西两部分。西岸是新城（Villeneuve-lès-Avignon），是封国领土；东部即现在的古城，是帝国属地，两地以桥接连。1129年，古城开始争取独立行政权，宣布实行共和政体，创建议会与教会共同领导的模式。

由于主权和治权之间的矛盾，1225年阿维尼翁在拒绝了路易八世（Louis VIII）和罗马教宗使节进城后被攻破，城墙被拆掉，护城河也被填平。虽然如此，阿维尼翁于1249年又再重组共和政体，但主权仍是由卡佩王朝拥有。

到了14世纪，阿维尼翁又卷入宗教权力之争。1309年，罗马教宗克雷芒五世被腓力四世逼迫，将教廷迁往阿维尼翁。至15世纪初，一共有九位教宗在这里诞生，其间也发生了罗马教廷和阿维尼翁教廷之间的大分裂。阿维尼翁教宗本笃十三世（Benoît XIII）于1423年去世后，教区又重归罗马教廷管治。

到访阿维尼翁古城，历史留下的痕迹仍处处可见，其中的断桥、教宗宫和邻近的原主教座堂更是古城重要的历史文物。

断桥原名圣贝内泽桥，是以一位牧羊人的名字命名的，传说他获耶稣基督指示兴建横跨两岸的桥梁，但有考古学者认为该桥应该是重建在一座不知年份的古桥上的，事实是否如此已不可考。原桥长900米、宽4.9米，有22个桥洞，从造型看，明显是采用了古罗马人的造桥技术。圣贝内泽桥于1185年竣工，在路易八世进攻阿维尼翁古城时被摧毁，1234年重建，其后又多次被洪水破坏，到了17世纪便被弃用了。现在看到的是1856年洪水后仅剩下的靠古城四个桥洞的一段，第二和第三桥洞上的小教堂是后来为了纪念圣贝内泽和奉祀船夫守护圣人圣尼古拉（Saint-Nicolas）加建的，分为两层，各有祭堂和神龛。从内部看，下层的四分肋拱（croisée d'ogives）和上层的半圆拱顶（voûte en berceau）天棚都属于9至12世纪流行的罗马风建筑手法。圣贝内泽死后，遗骨早期埋葬于此，其后，小教堂因桥持续受损而被弃用，船夫们把圣贝内泽的遗骨迁往桥堡侧面城墙外新建的小教堂。可惜19世纪中叶小教堂在特大洪水中再次被破坏，遗骨亦不知所终。

教宗宫建在阿维尼翁古城北部的一块突出平地的巨大岩石上，那里可清楚地观察到罗讷河的一切动态。原建筑是阿维尼翁主教约翰二十二世（Jean XXII）的府第，自罗马教宗克雷芒五世被迫迁至阿维尼翁后，一直居住于此。教宗约翰二十二世继位后，积极盘算把阿维尼翁打造为真正的欧洲基督教中心，包括把原来的主教府改建为教宗宫，计划由后继的两位教宗本笃十二世（Benoît XII）和克雷芒六世（Clément VI）实现。现教宗宫可分为南北两部分：北部为本笃十二世所盖，南部则是由克雷芒六世加建的。

教宗宫同样以合院方式建造，总建筑用地26,000平方米，包括南北两个露天庭院，比当年罗马教廷的更具规模。1348年，克雷芒六世更以80,000弗洛林金币（fiorino）从当时普罗旺斯的封建主乔万娜一世（Jeanne Ier）手中买下了古城的地权。因此，在大革命之前，阿维尼翁一直都是罗马教廷的财产，是拥有独立行政权的宗教特区。

也许是本笃十二世认为阿维尼翁的城墙在当年对抗路易八世的进攻中不堪一击，又怕加固重建会引发宗主国的猜疑，所以让教宗宫采用堡垒模式的设计。从平面上来看，十一个重要防守战略位置都修建着塔堡，十分坚固，塔墙厚度达5至6米。其余分隔主要功能部分的外墙和间隔墙的建造方法也大致相同。

整幢建筑（建筑群）进出口只有三个，主入口在西立面，和偌大的建筑体比较，明显并不相称；侧进口同样位于西立面南北两部分之间，供马车进出，可直达南部露天庭院；后进口在东立面，也是在新旧两部分之间，十分狭小，最多可容两人同时通过，供仆役使用。所有进口均配置两重门闸，可以说是重门深锁，极尽防御功能。

从立面去看，那十一个塔堡不是凸出外墙，便是高于屋顶，窗洞较小，没有箭洞，很容易被辨认出来。

有人说教宗宫采用的是哥特风格，但和早前被认为是哥特建筑风格典范的巴黎圣母院的建筑风格相距甚远。从建筑角度来说，砖石造的承重墙、低坡度屋顶、半圆拱顶、屋顶上的箭垛、室内的助拱天棚等都是从古罗马和罗马风时期沿用下来的建筑构件。至于那些尖拱窗洞和门洞以及尖塔等，究竟是原来设计的、经过多次重修后的

▶ 断桥上的小教堂

▶ 教宗宮

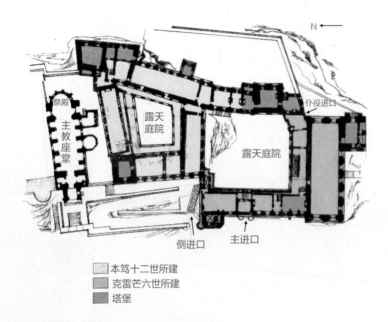

祭殿

主教座堂

露天庭院

仆役进口

露天庭院

侧进口   主进口

N ←

本笃十二世所建
克雷芒六世所建
塔堡

▶ 教宗宫及主教座堂平面示意图

建筑构件，还是19世纪大复修时，哥特建筑修复大师勒·杜克添加
上去的哥特建筑符号，则难以求证。

此外，教宗宫北侧的教堂原是阿维尼翁的主教座堂（Cathédrale
Notre-Dame des Doms），约于12世纪中叶建造（大概与被拆除的
主教府兴建时间相仿）。教堂采用基督教前期的会堂式结构，进口
向西、祭殿向东，是传统的平面布局，造型则属于典型的罗马风建
筑风格。正立面的钟塔于1405年倒塌，1425年重建，塔上的镏金
圣母玛利亚雕像是文艺复兴末期洛可可风的建筑装饰构件，是在
1856年大修复时装上的。

▶ 主教座堂的钟塔及洛可可风格的装饰

圣但尼圣殿：建筑历史邂逅宗教传奇

（Basilique Saint-Denis，7—13世纪）

巴黎

圣但尼（Saint-Denis）是3世纪时巴黎地区最早的基督教主教，那时巴黎还在罗马帝国的管治之下。250年，在罗马君主德西乌斯（Trajan Dèce）清洗基督徒的命令（Persécution de Dèce）下，圣但尼被捕后遭到斩首。传说中，他提着自己的头颅从被杀害的蒙马特山（Montmartre）步行十公里到罗马籍高卢人的坟地，沿途还继续宣扬基督教教义和为杀害他的人赎罪。之后，他被基督教封为殉道者，法国的主保圣人，并被埋在殉道时的坟地里。

约于475年，圣女日南斐法（Sainte Geneviève）在今天巴黎18区小教堂路（Rue de la Chapelle）旁兴建了一座圣但尼小教堂（Saint-Denis de la Chapelle）来供奉他的遗骨。636年，墨洛温王朝君主达戈贝尔特一世（Dagobert Iᵉʳ）在圣但尼殉道的那片坟地上建修道院，并在他墓地的那片区域兴建圣殿，把他的遗骨从小教堂迁往圣殿供奉。

754至775年，加洛林王朝在丕平三世和查理曼大帝执政期间把圣殿用作王室坟冢。12至13世纪，法国的政治和经济力量在欧洲举足轻重，卡佩王朝宰相索加（Suger）在路易六世和路易七世的授权下，负责在各地大量兴建宗教建筑。为了摆脱罗马建筑文化的桎梏，树立新的国家形象，索加积极尝试用新技术来创造新的建筑风格，重建圣但尼圣殿是他第一个尝试的项目。

计划分三期进行（传统上教堂的建筑程序也分为三期，大多以大堂开始，其次是祭殿，主立面是最后的部分）。第一期由西立面（主立面）开始，采用双塔形式，现在看到的立面之半圆形拱门洞和窗洞、扶壁、玫瑰窗及列柱装饰等，仍属于罗马风的建筑手法，但加洛林时期教堂的单进口被改为三个进口门庭和门廊。本来对称的双塔，塔顶却高低不一，估计南面的较早完成，所以造型和技术都比较保守；北面的则十分进取，比南塔高四倍（相信是哥特建筑历史上第一个成功的构件），装饰十分丰富，为日后哥特建筑的尖塔提供了一个成功的范本。西立面的改建于1140年完成，可惜北塔在法国大革命中被摧毁，现在只能看到南塔的模样。

第二期是祭殿的重建工程。结构上以石框架代替了原来罗马风时期的承重墙，以飞扶壁来增加扶壁的承重力，用尖拱取代了半圆拱。这样圣殿可以被建造得更高，室内空间更大，自然光更充沛。工程于1144年完成，比巴黎圣母院动工的时间早了20多年。这时期的圣殿大堂仍保留着罗马风建筑风格的模样。

80年后，在路易九世的同意下，第三期的大堂重建工程才得以进行，设计沿用索加时期的新手法（尖拱、石框架、飞扶壁等），但大堂的屋顶最终改用了来自圣物小教堂的骨架技术（参看"圣物小教堂"），于1264年完成（比圣物小教堂迟了16年）。

▶ 13世纪初在18区原址重建的圣但尼小教堂，属于罗马风前期的建筑风格

▶ 圣殿于13世纪完成后的模样，可以见到远处又高又尖的北塔

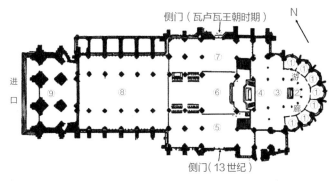

侧门（瓦卢瓦王朝时期）

N

进口

⑨ ⑧ ⑦ ⑥ ⑤ ④ ③ ② ① 游廊

侧门（13 世纪）

① 小祭坛　　　　② 圣但尼灵柩　　　　③ 小唱诗班席
④ 主祭台　　　　⑤ 南耳堂（王族灵柩安放处）⑥ 大唱诗班席
⑦ 北耳堂（王族灵柩安放处）⑧ 祭堂　　　　⑨ 门廊

▶　圣殿平面示意图

▶　殿内供祀的帝后灵柩

从8到19世纪，各王朝共42位君主、32位王后、63位王子及公主，死后都在那里受到圣但尼的庇佑。但无论如何，建筑史学者都公认圣但尼圣殿是历史上最早的哥特建筑，也是由罗马风向哥特风过渡时期的作品，在西方建筑史上意义深远。

巴黎圣母院：哥特建筑风格的经典

（Cathédrale Notre-Dame de Paris, 1163—1345年）

巴黎

很多人都相信，位于塞纳 – 马恩河中央西堤岛（Île de la Cité）的巴黎圣母院是因为19世纪初一本同名文学名著而闻名于世的；但有学者认为该作品家喻户晓的原因是作者雨果（Victor Hugo）能够充分地用圣母院潜藏着的历史文化因素来丰富自己的创作内涵。

巴黎圣母院是在1163年卡佩王朝路易七世时计划兴建的。这时候，由法兰西王国领导的第二次十字军东征惨败，国内局势不稳，沉寂了一段时间的封建主蠢蠢欲动，王国在欧洲其他地区的领导地位也受到挑战。这是一个王权和神权互相竞争、又互相依赖的年代。

为了重整国家形象和向外表现国家的实力，路易七世在政治顾问索加的建议下，建设了一座全欧洲最宏伟的教堂，把巴黎继续打造为欧洲的政治宗教中心。索加在当时的宗教和政治环境中很有影响力，他是建筑和艺术爱好者，特别热衷探索新的宗教建筑风格。此外，新教堂的计划也得到刚上任不久的苏利（Maurice de Sully）主教的支持，同意把已经破落的4世纪时供奉圣人圣艾蒂安（Saint Étienne）的教堂拆除，改建成现在的巴黎圣母院。

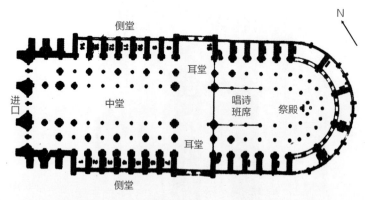

▶ 圣母院平面示意图

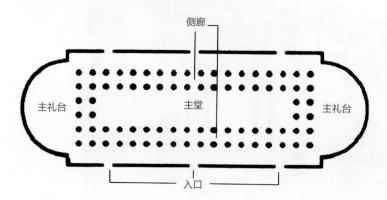

▶ 古罗马长方形会堂平面示意图

工程由1163年开始，之后由于经历了十位君主主政、王权和神权的变迁、社会动荡、封建主骚扰、十字军东征、英法对抗、改朝换代、经济困难和技术失误等问题，导致计划多次停顿、变更，直到1345年才完成。圣母院已不是最初设计的模样了。

圣母院的平面布局采用的是在拜占庭时期之前就流行的古罗马长方形会堂样式，加上耳堂、以两排列柱为划分的中堂和侧堂、向西的

进口、尽头处的祭殿等，都体现了罗马风时期的教堂规划手法。为了创造新的建筑风格，圣母院的建造者们尝试着把传统的承重墙结构和扶壁改为独立的柱子，再融入十字军东征带回的西亚尖拱技术，去摆脱传统罗马式圆拱在高度和跨度上的限制，形成新的结构系统。可惜，由于经验不足，或是新的技术尚未成熟，建到高处时便发现结构不稳固，需要在各独立柱子外侧加上支架来承受屋顶重量产生的横推压力，这便是飞扶壁（arc-boutant）的成因。这个最初估算不到的结构失误，意外地创造了一种日后被视为典型的哥特风格的结构。

▶ 飞扶壁概念的现代应用模式示意图

从外环绕着圣母院走一周，会发觉所有立面和构件的艺术造型既统一、协调，又截然不同。面向广场的主进口立面被一分为三，仍然保留着扶壁结构的建造技术，嵌入式的门庭、钟楼、圆形玫瑰窗、柱廊等都是罗马风时期的建筑元素。但走近看，罗马式的圆拱已变为尖拱，丰富细致的雕塑装饰和以往简单朴实的风格又不尽相同。首层和二层之间装饰带上的28个君主雕塑是当年王权和神权关系紧密的证明。

有人奇怪，既然圣母院的建筑创意是强调尖拱的结构造型，为什么钟楼的顶部又不以尖拱或尖塔方式建造呢？这问题已不可考，但从现代都市设计的角度推断，应该是为了和地理环境相协调：巴黎市区和圣母院都是坐落在平原和平整的沙丘上，钟楼高69米，比教堂的尖顶刻意高出20多米，是全市最高的建筑物。因此，从市区出发，由远至近看，教堂尖顶会被钟楼遮挡，这样，钟楼的平屋顶在视觉上和平坦的环境和谐相融。相反地，若从塞纳-马恩河出发，远远地可以先看到教堂的高处，正如从平地仰望高山一样，高坡度的教堂顶部和尖塔的组合与地平线互不干扰，令建筑物看起来更雄伟，造型更合理。

在罗马风建筑风格的基础上，原来位于大堂和耳堂交接点上空的穹顶被改为96米高的尖塔，内藏七口钟，与南钟楼的四口钟和北钟楼的单钟可谱成不同的钟声组合，很多个世纪以来一直为巴黎市民传递宗教信息。原尖塔在19世纪倒塌，现在看到的是法国建筑大师勒·杜克修复后的模样。原来尖塔上的钟楼被改为避雷装置，内部

▶　从塞纳-马恩河仰望巴黎圣母院

▶ 室内装饰相较罗马风的更简朴

▶ 装饰丰富的耳堂进口门廊

▶ 室外装饰构件和滴水嘴兽

安放着四个《新约》福音传播者马可（Marc）、路加（Luc）、约翰（Jean）和马太（Mathew）的雕像。塔尖的雄鸡雕塑是教廷送的吉祥物，象征法国人受到基督的庇佑。

室内布局虽然仍以罗马风为基础，但装修显得相对简单朴素，以细致的线条为主。罗马风时期传递宗教信息的壁雕和马赛克拼画被镶嵌在染色玻璃窗上的图像取代了，自然光通过这些窗户进入室内，加强了宗教气息，这是圣母院的特色。值得一提的是，正立面上那直径13米的圆窗，至今仍是全世界最大的玫瑰窗。

圣母院的主要部分于1250年基本完成，其后在争议中不断修改，包括耳堂的进口门廊、壁柱之间放射型的小祭堂，以及许多大大小小的艺术构件等，至1325年才获得祝圣启用。

亚眠主教座堂：哥特建筑再上高峰

（Cathédrale Notre-Dame d'Amiens，1220—1420年）

亚眠

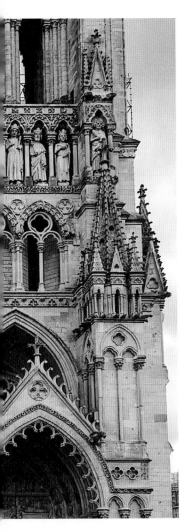

若说巴黎圣母院是哥特建筑风格的高峰之作，亚眠主教座堂则是把该风格推向另一高峰的历史建筑文物，也是后来欧洲其他地区建筑（例如德国科隆大教堂）效仿该历史建筑风格时的主要参考对象。

座堂位于1137年罗马风时期的一座教堂的原址上，原教堂除了于1193年为腓力二世举办过婚礼外，一直都只是服务于亚眠市基督教（天主教）的信众。自1206年施洗者圣约翰（Jean le Baptiste，相传他为耶稣基督浸洗，也是耶稣基督的导师）的遗骨在十字军第四次东征时从东罗马帝国首都君士坦丁堡被带回安葬于此后，这里旋即成为欧洲最热门的朝圣教堂。各地朝圣的信众蜂拥而至，不但为亚眠市政府带来了大量的税收，也为教堂带来了可观的收入。可惜1218年的一次火灾，使原教堂焚毁严重，教区本想借此机会将教堂扩大重建，虽然不缺资金，但当年罗马风建筑在法国式微，仓促间难以找到足够的能工巧匠。

路易九世执政期间，政治相对稳定，经济发展理想，各地大量兴建教堂。中北部如马恩省、厄尔省等地区大多以巴黎圣母院的新建筑风格为样板，不仅因为是新的建筑风格，还因为新的设计概念和技术可以使同样面积的土地上的建筑物比以往更高更大。

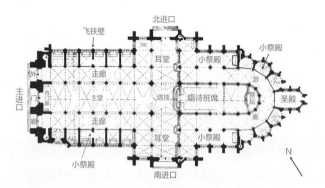

▶　座堂平面示意图

此外，半个世纪以来的教堂建设也为这种新技术培训了大量的人才。

座堂和巴黎圣母院同样位于市中心河畔（索姆河和塞纳-马恩河），地理位置形态相仿；平面布局也是传统的进口向西，祭殿朝东。座堂长145米、宽47米，至今仍是法国最大的哥特风格教堂。主堂拱顶高达44米，进入座堂，仿佛感觉不到天棚的存在。由于自然光线充沛，室内好像没有屋顶，可以直达天际似的。金字塔形坡顶高达61米，再加上55米高的尖塔，无论在市区内还是在索姆河上，都可以从远处辨认出座堂的位置。

和其他教堂建筑一样，亚眠主教座堂也是分阶段循序渐进地建造的。主堂是整幢建筑最大的构成部分，于1220年动工，1236年完成。可

▶ 座堂内自然光线充沛

▶ 从索姆河支流远望的座堂

▶ 飞扶壁的加固节点

▶ 宣道坛上的华盖

能由于当时的新技术所限，庞大的建筑物一度出现不稳的情况。从外观上看，改建和加固的痕迹仍然可见。祭殿和唱诗班席的部分则于1270年完工。可能因为教堂立面装饰采用的那些人物和宗教故事都极具争议吧，耳堂的立面和西立面到了1420年才正式完成。至于西立面两侧钟楼高度不同的原因不明。座堂内的雕塑和巴洛克风格的宣道坛等都是很值得欣赏的艺术作品。

圣物小教堂：英明君主与倒霉皇帝

（Sainte-Chapelle，1242—1248年）

巴黎

在巴黎西堤岛上的司法宫（Palais de Justice）内，有一幢与司法宫用途并不相同、建筑风格又格格不入的圣物小教堂（也称圣徒礼拜堂），后者被认为是继巴黎圣母院后在哥特建筑风格上再有突破的作品。

14世纪前，现司法宫所处的位置一直都是巴黎的政治中心、皇宫的所在地。13世纪初卡佩王朝君主路易九世（后被封为圣路易）执政期间，正是神圣罗马帝国腓特烈二世（Frédéric II）执政末期、帝国与教廷之间权力混乱之际。为了把王国打造为西欧的宗教中心和创造出继承神圣罗马帝国皇帝的条件，路易九世早于1239年便从威尼斯商人手中，以135,000金币（livre，1金币和1磅重的白银价值相等，货币单位"镑"亦源出于此）购入之前拜占庭帝国君主鲍德温二世（Baudouin II）典当的耶稣受难时的荆冠（Sainte Couronne）和裹尸布（Image d'Édesse）（鲍德温二世当时无权无势，只有虚衔，且经济困难，被逼典当王室资产，亦无力赎回，可以说是个不幸的君主）。为了保存和供奉这些圣物，路易九世用了比购入价高四倍的资金来兴建这座小教堂。据说，在规划上，他仿效神圣罗马帝国第一位皇帝查理曼大帝，加设了秘密通道来连接小教堂和国王寓所。

▶ 被巨大的彩色玻璃窗包合的上层祭堂

小教堂长约36米、宽约17米、高约42.5米，平面布局和巴黎圣母院相仿，但没有耳堂。整幢建筑分为上下两个祭堂，以螺旋楼梯连接。下层供奉着圣母玛利亚，主要供官员礼拜之用；层高约10米，约是上层的三分之一；拱顶也较低，天棚被绘制成星空的模样，十二条承托拱顶的柱子均以百合花和代表耶稣十二门徒的图像装饰。上层是皇室用的祭堂，是圣物保存之

▶ 小教堂的下层祭堂

▶ 小教堂北立面的一部分被司法宫前庭的东翼遮档了

所。每年复活节前的星期五（Vendredi saint），路易九世会将所有收藏的圣物，包括较晚收集的耶稣受难的十字架（Vraie Croix）碎片和验证耶稣死亡的木茅等进行展示，供皇室成员瞻仰。祭堂装饰得富丽堂皇，外墙由 15 块描绘着从伊甸园到《圣经》预言故事的巨大染色玻璃（共约 600 平方米）组成，每一大面玻璃之间供奉着十二门徒之一的雕像。除此之外的所有其他建筑构件也都是各式各样、细致而色彩丰富的艺术品。

从外观上看，哥特建筑特征之一的飞扶壁被加固了的壁柱代替了，染色玻璃也取代了传统的砖石建造的外墙，上下祭堂以横向的带状墙区分。其他如屋顶结构、高耸的钟塔、柱顶和壁顶的尖塔装饰、尖拱的窗洞和门洞，以至屋檐上的滴水嘴兽（gargouille）等哥特建筑特色，一应俱全。这种只强调垂直和轻盈的视觉效果，突破原来讲究创造更高、更大空间的哥特建筑风格的灵感，据说来自教堂中以辐射状镶嵌染色玻璃的玫瑰窗，因此，被称为"骨架式哥特建筑风格"（Rayonnant）。

虽然路易九世最终未能继承神圣罗马帝国的皇位，但小教堂的创新风格却是其后 100 多年间很多建筑仿学的对象。小教堂的原建筑师是蒙特厄依（Pierre de Montreuil），现在看到的是在法国大革命期间遭到严重破坏后，按原设计全面修复后的模样。可惜，北立面的一部分被司法宫前庭的东翼遮挡了，游客不能欣赏到该建筑物的全部风采。虽然如此，这座现今不大受人注意的小教堂其实承载着一段很有意义的历史故事。

▶ 滴水嘴兽是哥特式宗教建筑常用的装饰构件

克吕尼大宅：冲破政治樊笼，有情人终成眷属

（Hôtel de Cluny，1485—1510年）

巴黎

到巴黎旅游，若把注意力都集中在埃菲尔铁塔、凯旋门、卢浮宫等那些著名建筑上，便很容易忽略在建筑历史上价值很高的克吕尼大宅。

克吕尼大宅位于第五区圣日耳曼大道（Boulevard Saint-Germain）、圣米歇尔大道（Boulevard Saint-Michel）、撒莫拉尔路（Rue du Sommerard）和克吕尼路（Rue de Cluny）之间，建造在3世纪的罗马浴场的废址上。大宅于1334年兴建，作为当时在政治上最具影响力的克吕尼教区修道院院长在巴黎的住所，其后的主人都是宗教界重要的人物。大宅于1485至1510年间重建。1515年路易十二去世，由于没有子嗣，继任的弗朗索瓦一世一度怀疑路易十二的妻子玛丽·都铎（Marie Tudor）有身孕，影响他的继承权，遂把她幽禁于此。

玛丽·都铎是英吉利国王亨利八世的亲妹妹，自小兄妹关系甚好。玛丽少女时代曾与英国萨福克公爵布兰登（Charles Brandon, Duc de Suffolk）相爱，后因政治原因嫁到法国去。路易十二死后，亨利派布兰登到巴黎接玛丽返回英吉利，不料二人却在大宅内秘密成婚。本来这段婚姻并不合法，但亨利同情妹妹的遭遇，最终也没追究。大宅也算经历了一桩政治联姻的悲剧。此后，大宅一度成为波旁王朝宰相马扎然（Jules Mazarin）的官邸，他是路易十四中央集权政策

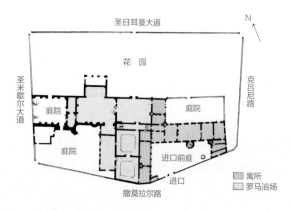

▶ 大宅平面示意图

的主要设计者和执行者。法国大革命后，大宅被改为现在的中世纪博物馆（Musée national du Moyen Âge）。

有人说克吕尼大宅属于哥特式和文艺复兴风格混合的建筑，其实更准确地说，应该是哥特式艺术构件和法国文艺复兴早期北部地区诺曼化（normanisé）的罗马风建筑风格（也被称为诺曼建筑风格）的融合。立面上有贝壳、船锚等有关海洋的装饰元素，说明当年航海事业和海洋经济对法国十分重要。

现博物馆还保留了约三分之一罗马浴场的遗址，浴场分成热水浴场和冷水浴场两部分，大宅建在以前热水浴场的位置上。从剩下的冷水浴场和休息厅残存建筑构件上的装饰可推算出浴场是由古罗马船员所建，是罗马帝国把浴场文化带给高卢人的证明。

▶ 北立面外观

▶ 贝壳和船锚装饰的艺术构件

▶ 露天浴场遗址

▶ 室内浴的冷水浴场

鲁昂司法宫：新哥特风格的公共建筑样式

（Palais de Justice，Rouen，1499—1550年）

鲁昂

位于法国北部诺曼底大区首府鲁昂市塞纳–马恩河畔的司法宫，不但是法国最罕见、最美丽的中古时期非宗教性哥特风格公共建筑之一，也是极具历史、社会和建筑意义的文物。

鲁昂曾是很多犹太人聚居和经商的城市，瓦卢瓦王朝的统治者在从诺曼封建主手中夺回诺曼底管治权的同时，也把犹太商人逐出境内。1494年，查理八世统治期间，鲁昂市政府改变原来的经济政策，计划在近郊的新马尔小镇（Neuf-Marché）兴建商人会堂，目的在联系曾遭到驱逐的犹太商人和坚定他们对鲁昂政府的信心。为了进一步表现诚意，政府最终决定把会堂建在鲁昂市中心昔日犹太人聚居的区域。路易十二继位后，把原会堂扩建为一幢合院式建筑，把代表王朝的当地税务机关也迁入合院内。工程于1499年开始，1508年完成。其间，亦计划在土地东端兴建另一幢合院式建筑供法院使用，用以审理商业和债务纠纷。到了弗朗索瓦一世执政期间，沿现圣洛街（Rue Saint-Lô）加建了连接两个合院的翼楼。翼楼和法院先后于1528年和1550年完成，形成现在两合院、翼楼和向犹太街（Rue

aux Juifs）开放的露天庭院的结构。设计成这种结构，大概因为有向犹太商人传递友好信息的想法吧。

16世纪是法国哥特式建筑风格发展的高峰期，同时也开始受到意大利文艺复兴艺术的影响。司法宫可以说是这两种截然不同风格的混合体，若仔细去看，会发觉两者之间不但没有矛盾，反而巧妙地、和谐地融合在了一起，说明司法宫在建筑艺术上也极具意义。

可惜，18至19世纪期间，司法宫被多次改建、重建，"二战"时更被严重破坏，战后修复时很多石制构件和装饰都被混凝土替代，已不复原来的艺术风貌了。这便是后来被建筑史学者评为新哥特（néo-gothique）建筑的原因。但无论如何，仍有少量16世纪的原建筑构件幸存下来，到访者不难找到。

▶ 法庭内部

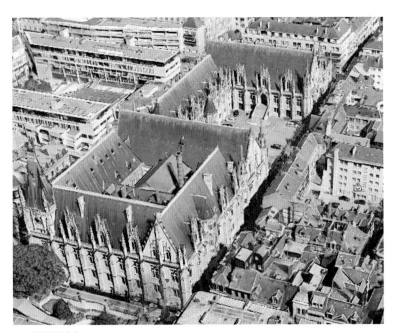

▶ 俯瞰司法宫

▶ 面向犹太街的露天庭院

布卢瓦城堡：由卡佩王朝到波旁王朝，由哥特走向法式巴洛克

（Château de Blois，13—17世纪）

布卢瓦

布卢瓦城堡不但承载了14至16世纪瓦卢瓦王朝的一段王室历史，也体现了13至17世纪法国建筑风格的流向。

布卢瓦城堡位于中央－卢瓦尔河谷大区卢瓦尔－谢尔省的布卢瓦市，后者是卡佩王朝伯爵的采邑。城堡原是伯爵的寓所，建筑在市中心的小山丘上，占地约15,000平方米，四周随着山冈不规则的形态因地制宜地建造了防御工事。15世纪前的城堡由十多座大小不同的建筑物组成，现在的城堡是经过15世纪末至17世纪中叶先后由路易十二、弗朗索瓦一世和加斯东公爵（Gaston d'Orléans）改建和扩建后的模样，其规模没有准确的史料记载。大概是在1392年，城堡由瓦卢瓦王朝贵族奥尔良公爵路易一世（Louis Ier d'Orléans）购入，死后由儿子查理一世（Charles Ier d'Orléans）继承。

路易十二是奥尔良公爵查理一世的儿子，瓦卢瓦王朝君主查理五世的曾孙，1498年继承王位后，路易十二把原来的公爵寓所改建为王国的权力中心。除原有的伯爵大堂（Salle des États）外，其余的建筑物均被拆除，加建东翼大楼及小教堂。东翼北端的伯爵大堂面积约600平方米，呈长方形，造型简单朴实，内部装饰则十分精致，色彩丰富，是目前法国最早、保存得最完整的非宗教性哥特风格建

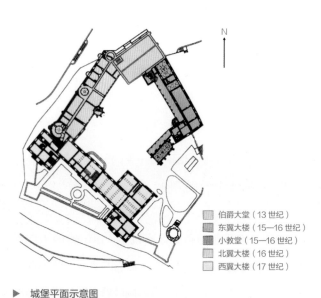

城堡平面示意图

伯爵大堂（13世纪）
东翼大楼（15—16世纪）
小教堂（15—16世纪）
北翼大楼（16世纪）
西翼大楼（17世纪）

▶ 城堡平面示意图

筑之一。东翼西南侧的小教堂的体积、造型和风格都与伯爵大堂的
十分接近，原小教堂的空间较大，后因加建加斯东公爵大楼（西翼大
楼）被改建成现在的模样。伯爵大堂与小教堂宛如文章里的一对引
号，把东翼大楼包含在内。依附于小教堂的柱廊式建筑是后期大楼扩
建的部分内容。

这时候，意大利文艺复兴时期的建筑风格已开始进入法国，东翼大
楼便是最佳的例证。从这里的建筑构件，如柱式、廊洞、窗洞、栏
杆、尖塔、坡顶设计以至砖石组合的外观等，都可以看到文艺复兴
早期（Début de la Renaissance）的艺术风格和哥特式建筑手法相

▶ 伯爵大堂内部

▶ 东翼大楼西南侧的小教堂，建筑风格和伯爵大堂接近

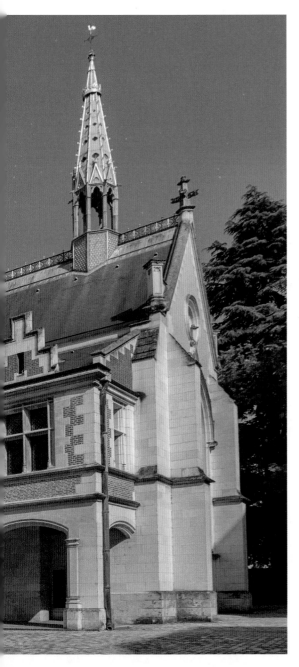

互碰撞的效果。城堡的主进口在东翼大楼底层中央，顶上的装饰雕塑是路易十二骑马塑像。原规划中还包括了一个文艺复兴风格的花园，可惜现在已不复见。

1515年，瓦卢瓦王朝第九任君主弗朗索瓦一世登基后，随即接受妻子布列托尼女公爵克洛德（Claude de France, Duchesse de Bretagne）的建议，从昂布瓦斯（Amboise）的潜邸搬到布卢瓦去。加建的北翼大楼于1524年完成，可惜，克洛德却在此时去世。此后，弗朗索瓦对城堡失去了兴趣，并搬到了离巴黎不远的枫丹白露宫，城堡也因此而空置。直至17世纪波旁王朝路易十三执政期间，城堡才被再次利用，路易十三因和母后玛丽·美第奇不和，把母亲一度软禁于城堡内。

▶ 东翼大楼的主进口立面，右边是伯爵大堂

城堡北翼的设计体现了当时法国王室对意大利文艺复兴建筑艺术的兴趣比设计东翼时更加浓厚。除屋顶的设计和装饰与东翼呼应外，整幢建筑的造型、构件，特别是正立面那令人赞不绝口的螺旋形楼梯的装饰，都体现了典型的意大利文艺复兴早期的装饰艺术手法。这种进口门楼（pavillon）也是日后一种法式巴洛克式的进口门楼的前身。从建筑学方面来说，北翼大楼是法国由意大利文艺复兴风格向法式巴洛克建筑风格过渡的作品。

在玛丽·美第奇和儿子和解并回到巴黎后，路易十三把城堡作为结婚礼物送给胞弟加斯东公爵。1635 年，加斯东聘请当时知名的建筑师弗朗索瓦·孟莎（François Mansart）——路易十四十分器重的儒勒·孟莎（Jules Hardouin-Mansart）的叔父——为他设计西翼的寓所，从此掀开了法国文艺复兴时期建筑风格的新篇章。

弗朗索瓦·孟莎创新的手法糅合了意大利巴洛克和法国哥特风格的特性。南面的中央进口门楼是整幢建筑物的焦点；对各层之间的装饰构件，如三角或弧形楣饰、柱式等的运用则大致和意大利的相同，但艺术效果较庄重，缺乏动感；屋顶则藏着哥特建筑的影子，形态多变、三维效果较强等特点都是日后法式巴洛克风格的重要元素。

◀ 螺旋楼梯设计属于早期的法国文艺复兴艺术风格

文艺复兴时期
（16—19世纪）

La Renaissance

地理环境因素

文艺复兴起源于15世纪早期（中国明朝永乐年间）意大利的佛罗伦萨（Florence），是一场从文学和艺术领域开始，尝试摆脱欧洲自5世纪西罗马帝国解体至15世纪长达1000多年、史称中古时期（包括罗马风和哥特时期）的政治宗教的垄断的运动。在建筑方面，则是意大利建筑师重新认识、演绎和再创造古罗马建筑理念的运动。从15到19世纪，文艺复兴一直影响着欧洲各地区的建筑创作风尚。

16世纪，弗朗索瓦一世统一法国后，巴黎一直都是政治、经济、宗教、文化中心，各地的文化艺术建设无不跟随着巴黎的风尚（由于巴黎和意大利的距离较远，早期的建筑物仍保持着原来哥特时期北部的建筑风格）。这一时期，意大利的文艺复兴运动已进入高峰期，而文艺复兴艺术理念才开始进入法国境内，比发源地迟了近一个世纪。所以，法国建筑领域文艺复兴的特点一开始便糅合了意大利早期的复古理念和高峰期的前巴洛克（proto-baroque）建筑风格。

此外，法国在建筑材料生产方面有得天独厚的优势，巴黎及邻近地

意大利和法国
文艺复兴时期比对

意大利		法国	
1420—1500	早期	1495—1589	早期
1500—1600	高峰期（或称巴洛克前期）	1589—1715	古典期
1600—1760	巴洛克时期	1715—1830	晚期
1760—1830	考古期		

塞巴斯蒂亚诺 · 塞利奥
（1474—1554年）

在意大利文艺复兴高峰期（巴洛克前期），塞利奥被建筑史学者称为人文主义（humanisme）建筑师，对法国文艺复兴时期的建筑流向具有很大的影响力。除了是弗朗索瓦一世枫丹白露宫（Château de Fontainebleau）的建筑师外，他最重要的贡献是最早把意大利文艺复兴时期的古典建筑理论，如规划的点、线、面、造型、空间、关系、建筑构件的制式和美学概念等全面细致、图文并茂地用意大利文及法文做了详尽的诠释和剖析。

达·芬奇

（1452—1519 年）

以名画《蒙娜丽莎》（*La Joconde*）家喻户晓，凭借《最后的晚餐》（*La Cène*）在基督教世界享有盛名的达·芬奇，不单是一个著名的画家，也是发明家、建筑师、科学家、文学家、数学家、解剖学家、地理学家、植物学家、史学者，甚至被认为是现代古生物学之父，也是文艺复兴引领者的代表。在意大利文艺复兴高峰期，与拉斐尔（Raphaël）和米开朗基罗（Michel-Ange）合称为文艺复兴三杰。1516 至 1519 年，达·芬奇被弗朗索瓦一世聘请到法国参与艺术创作，《蒙娜丽莎》便是在那个时期完成的，之后成为法国最重要的文化遗产之一，自 1797 年开始，长期陈列在巴黎卢浮宫博物馆。

区蕴藏着丰富而质量优良、适合各种建筑用途的石块，所以无论在什么时期、无论是什么风格，石块都是建筑的主要材料。日积月累，采石、制石、用石等方面的工艺技术也比欧洲其他地区优秀。18 世纪以后，铸铁（fonte）及熟铁（fer forgé）技术日益成熟，丰富了这一时期的建筑创作条件。由于天气的关系，法国文艺复兴年代的建筑仍保留着哥特时期那些高大的窗户、陡峭的金字塔形屋顶和高耸的烟囱等，这些特点都和发源地意大利的有很大区别。

历史背景

从欧洲史中不难看出，在各时期、各地王权和神权鼎盛的年代，统治者都是以兴建宏伟的建筑来彰显他们的丰功伟绩，和今天的太空科技竞赛性质相似。古埃及的金字塔如此，古希腊的帕特农神庙（Parthénon）和古罗马的万神庙（Panthéon）等也如是。自"圣女贞德"事件后，法国人的爱国情绪高涨，当查理七世于 1453 年把历来的强敌诺曼人赶出法国境内后，新社会气象自然催生出了很多代表性的宏伟建筑。

1515 年弗朗索瓦一世继承路易十二之位、统一了全境后，他自称法兰西始皇帝（如中国战国时代秦王嬴政统一七国后称始皇帝）。弗朗索瓦一世在位期间，聘请了不少当时知名的意大利艺术家和建筑师，如桑加罗（Giuliano da Sangallo）、弗拉乔康多（Fra Giocondo）、科尔托纳（Domenico da Cortona），著名的前巴洛克人文主义艺术家如普列马提乔（Francesco Primaticcio）、维尼奥拉（G. B. da

Vignola)、塞利奥（Sebastiano Serlio），和现今仍然为人称道的名画《蒙娜丽莎》的作者、建筑师达·芬奇（Léonard de Vinci）等参与国家的建设，他们留下的作品对当地的文化艺术建设有很大的影响力。其中塞利奥的作品对法国日后的建筑设计风格更具重大的意义。

同时期，卢瓦尔河谷一带开始出现了一些王公大臣的城堡式建筑和庄园大宅。17世纪后，这些建筑更像雨后春笋似的遍及境内各地。

15世纪末至16世纪中叶（约于中国明朝正德至嘉靖年间），意大利是欧洲各国争夺控制权的主要战场，法国也积极参与其中。法国君主查理八世（Charles VIII）最先率兵吞并了那不勒斯王国（Royaume de Naples）。1508年路易十二响应神圣罗马帝国的号召，参与康布雷同盟战争（Guerre de la Ligue de Cambrai），对抗威尼斯共和国（République de Venise）。可惜，在1525年争夺米兰管治权的战役中，在帕维亚（Pavie）小镇城外，弗朗索瓦一世被西班牙国王带领的意大利哈布斯堡（Habsbourg）军队与西班牙联军打败并俘虏，导致法国丧失了在意大利的所有权益。这大概是日后在罗马市内，由法国出资兴建的西班牙阶梯（Escalier de la Trinité-des-Monts）不被称为法国阶梯的原因吧。虽然法国在意大利的多次战役都未达到原本的目的，但意大利文艺复兴时期的建筑文化却在这些战役期间牢固地植根在法国的领土上。

16世纪中叶至18世纪末，波旁王朝执政的200多年是国家的全盛时

帕维亚战役

1514至1526年间，在弗朗索瓦一世与神圣罗马帝国皇帝查理五世，即西班牙帝国国王卡洛斯一世（Carlos I）带领的联军争夺意大利米兰控制权的战争中，法国军队在四小时内被彻底击溃，大部分将领战死，弗朗索瓦一世也被俘。其后，在查理五世的胁迫下，弗朗索瓦一世签署了不平等的《马德里条约》（Traités de Madrid），割让了大片土地给联军，西欧各地的版图亦由此初定。

洛可可

洛可可源自法文rocaille一词，意思是珍贵的小石块和罕见的贝壳，或异样的珍珠；与葡萄牙文barroco一词结合，指一种生动、自然，又轻巧、精致、奢侈华丽的装饰风格。洛可可风格18世纪兴起于法国，是将意大利文艺复兴时期的巴洛克理念进行重新诠释，再融入绘画、雕塑、文学、音乐、建筑、室内装饰，以及家具设计的艺术风格，所以也称为"晚巴洛克"（Baroque tardif）。

和巴洛克风格不同，洛可可风格的设计更强调奢侈华丽，线条更自由奔放，将对称改为不对称。前者多以宗教为主题，后者则随设计者的意思，不拘一格，想做什么就做什么，而且会全面地把主题融入室内外的装饰构件中去。

有人认为洛可可是巴洛克艺术的极致，持批评意见的人则说它肤浅、奢华、缺乏品位。

期。17至18世纪，路易十三（Louis XIII）及路易十四（Louis XIV）先后在两位天主教枢机主教黎塞留（Cardinal de Richelieu）和马扎然（Cardinal Mazarin）的辅佐下，将国家权力进一步集中在自己手中，路易十四更以"朕乃国家"（L'État, c'est moi）自居。他热衷意大利文艺复兴各时期的艺术风格，更将中后期的巴洛克风格和考古理念融合并重新诠释，应用到室内装饰上去，史称洛可可（Rococo）艺术风格。卢浮宫和凡尔赛宫的室内设计最能反映这种当时已被认为是奢华和浮夸的艺术风格。无论如何，这段时间是法国王朝在欧洲最举足轻重的时期，因此洛可可风的艺术理念也被引用到了欧洲其他地方。

大概是应验了盛极必衰的规律，等到路易十五（Louis XV）继任后，君主过分专权、朝廷腐败、贵族贪得无厌等流弊逐渐显现。18世纪中叶以后，法国在伏尔泰（Voltaire）、卢梭（Rousseau）和孟德斯鸠（Montesquieu）等哲学家、文学家思想的影响下，埋下了1789年法国大革命的种子。在大革命期间，很多重要建筑物被破坏，建筑活动也停滞了。局势稳定后，新政府恢复建设，这时的建筑设计风格比较朴实，没有以往那些华丽夸张的装饰了。

于1804年推翻专制的波旁王朝后，被视为革命英雄的拿破仑·波拿巴（Napoléon Bonaparte）在人民的拥戴下建立了法兰西第一帝国（Premier Empire），重新恢复君主政体。1813年，法军在莱比锡会战中失败，拿破仑被放逐到地中海的厄尔巴岛上。其后，再度获得法国人民支持的拿破仑在1815年重新发动战争，可惜在滑铁卢

（Waterloo）（现比利时布鲁塞尔以南）一役中，被威灵顿公爵（Duc de Wellington）带领的大英帝国与普鲁士联军彻底击败，再次被放逐至非洲西岸的圣赫勒拿小岛（Sainte-Hélène），1821年在那里病逝。

1853至1870年，法兰西第二帝国（Second Empire）君主拿破仑三世（Napoléon III）为了打造帝国新气象，启动了重建计划，委派原巴黎警察局局长奥斯曼（Haussmann）把巴黎建设为欧洲最美丽的城市。为美丽而美丽的结果是，大部分建筑物都被拆除，原来的历史景观消失了，文化脉络荡然无存，剩下来的只是重建后的模样。

宗教影响

16世纪欧洲的宗教改革对18世纪之前的法国影响甚微，在几个世纪里大量兴建的教堂在文艺复兴早期仍敷应用。

自1558年至16世纪末，公教（罗马天主教，Catholique）与新教（胡格诺派，Huguenot）的争斗不断。在1572年8月23日圣巴托罗缪（Saint-Barthélemy）纪念日晚上，新教徒被大量屠杀，导致许多信奉新教的工艺巨匠渐渐移居英吉利。1685年，路易十四颁布了《枫丹白露敕令》（Édit de Fontainebleau），取缔了他祖父亨利四世（Henri IV）的《南特诏令》（Édit de Nantes），视所有新教派别都是邪教组织，更使得移民人数急剧上升，宗教建筑活动

胡格诺教派
法国的新教教派，在政治上反对君主专政，自称改革派。1555至1561年间获大批平民贵族皈依，对公教支持的专制政权造成极大威胁。

《南特诏令》
法兰西皇帝亨利四世于1598年签署的敕令，宣布信仰自由的基督教胡格诺派的新教徒在法律上享有与公教徒同样的公民权利。他的孙子路易十四继位后，于公元1685年颁布《枫丹白露敕令》，宣称新教非法并将其废除。法国旋即开始了中央集权的年代。

也停滞了一段时间。后来，为了对抗18世纪初在欧洲不断扩张的新教势力，法国又重新兴建了更具规范性的教堂，目的是让更多国人接受公教的洗礼。

巴洛克

巴洛克之名来源说法不一，有说源于葡萄牙语barroco，也有说源于拉丁语rarbarous。无论哪个说法，巴洛克都是不规范、野蛮、荒谬、愚蠢、奇形怪状和与传统的古典理念格格不入的意思，被认为是离经叛道的创作风格。最初出现在音乐、文学和艺术创作中，后渐渐进入建筑创作。在宗教改革时期为罗马教廷采用（如罗马圣彼得大教堂，Basilique Saint-Pierre），之后流行于欧洲各地，成为创新、动感和华丽的代名词。到近代，更被用作炫耀财富和地位的建筑符号。米开朗基罗和达·芬奇都是该风格早期的代表。

女士桥堡：沧桑两美人

（Château des Dames，13—16世纪）

舍农索（Chenonceau）

女士桥堡位于法国中央-卢瓦河谷大区安德尔-卢瓦尔省（Indre-et-Loire）卢瓦尔河谷舍农索小镇的谢尔河（Cher）河畔，是混合了罗马风、哥特式和文艺复兴风格特色的建筑。女士桥堡被公认为浪漫、美丽和权力的象征，是与它的两位传奇女主人的美貌、气质、性格和遭遇密切相关的。

史载，13世纪时桥堡原是封建主马奎斯家族（Famille Marques）的堡垒，1513年由布地亚（Thomas Bohier）购入。布地亚保留了原来的主堡，将其余部分改建为可接待王室贵族的寓所。布地亚是富有的商人，1461至1515年间也是路易十一、查理八世和路易十二的财务顾问。可惜到了弗朗索瓦一世执政期间，布地亚的儿子因财务困难，被迫把寓所抵押给朝廷。从此，桥堡便先后成为两位在法国历史上都很有影响力的传奇女性的寓所。

黛安·波迪耶（Diane de Poitiers）出身名门，是封建主约翰·波迪耶（Jean de Poitiers）的女儿。她自幼接受贵族教育，在音乐、艺术、舞蹈方面很有天分，谈吐得体，气质高雅。1515年，年方15岁的黛安嫁给了比她年长39岁的路易·布雷泽（Louis de Brézé）——阿内（Anet）的封建主，瓦卢瓦王朝第五任君主查理七世的孙子。

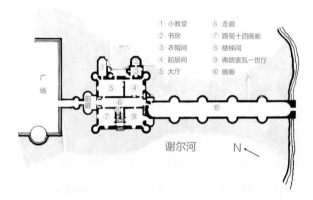

① 小教堂	⑥ 走廊
② 书房	⑦ 路易十四画廊
③ 衣帽间	⑧ 楼梯间
④ 起居间	⑨ 弗朗索瓦一世厅
⑤ 大厅	⑩ 画廊

▶ 桥堡平面示意图

黛安早年随丈夫积极参与王朝事务，才华横溢，很受弗朗索瓦一世赏识，俨然是他的管家和私人秘书，并且和当时的储君亨利二世感情也很好。布雷泽于1531年去世，年仅31岁的黛安继续为王朝工作，对朝廷事务十分熟识。亨利二世于1547年登基，不许他的妻子凯瑟琳（Catherine de Médicis）干政，反而十分重视黛安的意见，对她日益宠爱（不知是不是天意弄人，黛安年轻时嫁给比她年长39岁的丈夫，之后又成为比她年轻19岁的亨利二世的情妇）。他们一起工作，一同参与朝廷政事，一时间黛安权倾朝野，对国家政策的制定影响甚大，亨利二世更把桥堡送给她，桥堡便成为他俩的别宫。

在亨利二世的支持下，黛安在桥堡加建了意大利文艺复兴风格的花

▶ 谢尔河上观桥堡

▶ 画廊内部

园和横跨谢尔河的桥梁，并计划在桥上加建可供宴饮、跳舞的大厅和画廊。可惜，黛安未能当上王后，工程尚未开始，亨利二世就在比武中受伤不治而亡，王朝权力落在王后凯瑟琳手中。不久，凯瑟琳即以一幢在绍蒙（Chaumont）的城堡强迫黛安交换桥堡，最终黛安还是搬回了她丈夫的采邑阿内的寓所，从此默默退出了法国的政治舞台。

凯瑟琳·美第奇出生于意大利望族，父亲洛伦佐·美第奇（Laurent II de Médicis）是佛罗伦萨大公（Duc de Florence），该地的实际掌权者。凯瑟琳14岁便嫁给了亨利二世，是瓦卢瓦王朝的正统王后。由于丈夫不许后宫干政，所以凯瑟琳一直没有参与王朝事务，并长期活在黛安的影子下。凯瑟琳生有三子，均是王朝合法继承人，亨利二世于1559年去世后，15岁的大儿子弗朗索瓦二世（François II）登基，他体弱多病，需要母亲扶助，于是凯瑟琳开始进入王朝的权力中心。弗朗索瓦二世不幸于翌年（1560）去世，次子查理九世继位时年仅10岁，凯瑟琳不得不以摄政身份代儿子掌管朝政。其间，她把黛安赶回黛安丈夫的封地阿内，从此，桥堡便成为凯瑟琳坐朝理政的别宫，桥上的画廊及宴会大厅也是由她完成修建的。

查理九世于1574年去世，幼子亨利三世继位后对她言听计从。可惜在凯瑟琳理政期间，王国不断面临内忧外患，先有天主教与胡格诺教派之争，酿成1572年圣巴托罗缪大屠杀（Massacre de la Saint-Barthélemy）。其后引发了亨利三世、洛林封建主吉斯家族公爵（Duc

▶ 弗朗索瓦一世厅

de Guise）亨利和波旁家族的亨利（Henri de Bourbon）之争，史称"三亨利之争"（Guerre des Trois Henri）。最终波旁的亨利战胜了优柔寡断的亨利三世和天主教死硬派洛林的亨利，并与胡格诺派签订《南特诏令》，天主教与新教得以并存于法国。之后，王朝的政权亦落在波旁家族手里，波旁的亨利易名为亨利四世，法国从此结束了瓦卢瓦王朝的统治时代。

到了17世纪，这美丽的桥堡正如它的主人们一样退出了历史的舞台，度过了一段沧桑的岁月。

▶ 起居间

巴黎市政厅：巴黎最早的公共建筑，在这里，洛可可巧遇哥特和巴洛克

（Hôtel de ville de Paris，1533—1628年）

巴黎

巴黎市政厅，可以说是和巴黎一起成长，见证巴黎沧桑历史的建筑。自古以来，塞纳-马恩河沿岸便是巴黎地区的经济动脉，12世纪以后，水上贸易日趋蓬勃，一块位于现蓬皮杜中心和圣母院之间较平整的河滩（Place de Grève）自然而然地成为水上运输理想的河港，也就是现市政厅的所在地。

1246年，卡佩王朝路易九世执政期间，地区行政制度开始建立，巴黎为首个行政区。虽然如此，但巴黎这个行政区没有中央委派的官员，也没有建立任何管理机关，一切行政管理事宜，皆由各区商会负责。同时，从商会中选出代表，其权责有如日后市长的，直接向朝廷负责。1357年，水上贸易商人马塞尔（Étienne Marcel）（现市政厅附近的地铁站仍以其命名）被选为商会代表后，斥资以行政区名义购入现市政厅位置的一幢房子，作为商会讨论公共事务的地方。这幢房子以此功能被沿用至今，即今天的巴黎市政厅。

到了16世纪，弗朗索瓦一世统治期间，国力上升，国家进一步稳定。为了把巴黎打造为欧洲最大的城市和天主教中心，统治者决定把原来商会的房子重建为宏伟的大会堂式市政设施，委任意大利建筑师科尔托纳和法国建筑师尚毕日（Pierre Chambiges）分别负责设

▶ 现市政厅布局全景

▶ 以"马塞尔"命名的市政厅地铁站

计和工程监理。科尔托纳是意大利文艺复兴早期著名建筑师桑加罗的学生，查理八世时期随老师来到法国，对意大利文艺复兴和法国哥特建筑风格十分熟悉。老师去世后，他一直留在法国替王室工作。市政厅由1533年开始设计、建设，于1628年路易十三执政时期完成。其间经历多次方案修改、人事更替，最终仍保持着科尔托纳方案的模样。此后多个世纪，市政厅一直都是巴黎的行政中心。厅前的河滩则有如中国清代北京的菜市口，是巴黎市当众处决罪犯最多的地方，其后易名为市政厅广场（Place de l'Hôtel-de-Ville）。

1835年在当时的省长朗布托（Claude-Philibert Barthelot de Rambuteau）主持下，市政厅依照原来的建筑风格，加建了南北两翼，以连廊和主楼连接，便是现在看到的模样了。1871年，在法国对抗普鲁士的战争失败后，市政厅一度被巴黎公社（Commune de Paris）占据。后来，国民警卫军（Grade nationale）被共和国军击退的时候，市政厅遭到了后者的纵火焚毁，只剩下石造的建筑空壳。

1873年，在重建市政厅的公开设计比赛中，建筑师波鲁（Théodore Ballu）和戴伯菲斯（Édouard Deperthes）获得了负责重建的合约，方案是在余下的石构件基础上还原当初的模样。正因如此，现在才可以欣赏到比卢浮宫更完整的16世纪法国文艺复兴时期的建筑艺术，只不过室内已全新装修成18世纪的洛可可风格。

面向广场的正立面是由钟楼、两侧的进口门楼和两翼组成，造型严谨、对称，承重墙和柱子的混合结构、门顶、窗顶，以至人物雕像

▶ 洛可可风的大厅与凡尔赛宫的镜厅不相上下

装饰等均属于意大利文艺复兴早期的风格，但钟楼顶部的设计和装饰都明显是前巴洛克风格的艺术作品。三进口中，中央的是礼仪门（porte de cérémonie），两侧分别以象征科学和艺术的铜像装饰。礼仪门只在节日或接待重要人物时使用。

这时期，哥特建筑风格虽然已日渐式微，但多个世纪以来一直为法国人骄傲的哥特式高坡度屋顶及尖塔已演进为建筑顶层的阁楼（comble）。同时，为了防火和防烟，烟囱需要超越屋顶的高度，所以高耸的烟囱也成为16世纪法国建筑风格的特色。到了17世纪，这种阁楼式屋顶被建筑师儒勒·孟莎用于凡尔赛宫后，在第三帝国时期受到了更广泛的采用，是法国文艺复兴时期的建筑特色，也被称为孟莎式屋顶（comble à la Mansart）。

◀ 典型的前巴洛克风格艺术装饰

▶ 礼仪门前的科学女神雕像

卢浮宫：法国文艺复兴时期建筑和历史的载体

（Musée du Louvre，1546—1880年）

巴黎

从瓦卢瓦王朝末期至法兰西第二帝国，前后300多年，经历了不同王朝、不同政权，多次拆除、重建、改建和扩建的卢浮宫可以说是法国整个文艺复兴时期政治和建筑历史的载体。

原来卢浮宫的兴建计划是包括现在看到的建筑群和约同年代在东侧兴建、于1871年在一次社会动荡中被焚毁的杜伊勒里宫（Palais des Tuileries）。在原计划中，杜伊勒里宫最终会与卢浮宫连在一起，把拿破仑三世广场（Place Napoléon III）和卡鲁索广场（Place du Carrousel）包合为内庭。现在位于卢浮宫以西至协和广场的杜伊勒里公园在计划中原是整个宫殿的前庭。据史料记载，从亨利四世到拿破仑三世，所有君主（包括路易十四、十五、十六和拿破仑一世）都以杜伊勒里宫为巴黎主要居所，这也从侧面证明了现卢浮宫的规划不尽符合他们的生活要求。1678年后，路易十四便迁往凡尔赛宫长住。

15世纪中叶前，该址原是一幢13世纪卡佩王朝腓力三世（Philippe III）的哥特式大宅，位于现卡利庭院（Cour carrée）的西南角，14世纪中叶瓦卢瓦王朝的查理五世迁居于此。其后，弗朗索瓦一世于1542至1559年间聘请建筑师勒斯科（Pierre Lescot）对城堡

西南面进行改建，在两层楼上加盖阁层，一、二层分别以科林斯
（Corinthien）和复合壁柱装饰，立面的雕塑都是著名雕刻家让·古戎
（Jean Goujon）的作品。

弗朗索瓦一世和亨利二世先后去世后，亨利二世的妻子美第奇皇后
于1564年策划兴建杜伊勒里宫。同时期亦效仿勒斯科的设计手法沿
塞纳-马恩河兴建长廊式建筑，把最初规模不大的卢浮宫和杜伊勒
里宫连接起来。这一工程最终由亨利四世于1608年完成。长廊高两
层，以壁柱、三角或弓形窗楣装饰，是典型的意大利文艺复兴早期
的复古主义手法，现在看到的是被拿破仑三世改建后的模样。此外，
今天通往塞纳-马恩河的门楼也曾由拿破仑三世改建。

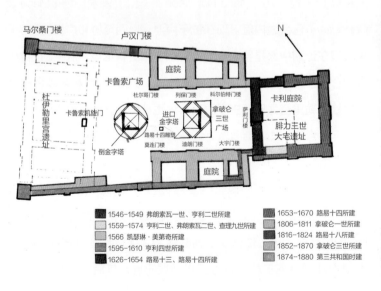

■ 1546-1549 弗朗索瓦一世、亨利二世所建	■ 1653-1670 路易十四所建
□ 1559-1574 亨利二世、弗朗索瓦二世、查理九世所建	□ 1806-1811 拿破仑一世所建
□ 1566 凯瑟琳·美第奇所建	■ 1816-1824 路易十八所建
■ 1595-1610 亨利四世所建	□ 1852-1870 拿破仑三世所建
■ 1626-1654 路易十三、路易十四所建	□ 1874-1880 第三共和国时建

▶ **卢浮宫平面示意图**

▶ 卡利庭院西南立面

▶ 沿塞纳–马恩河的立面，远处是花神楼

1624至1654年，路易十三计划让建筑师勒美西亚（Jacques Lemercier）负责把原来的城堡全部拆除，把弗朗索瓦一世时的建筑扩建为一个外墙边长183米、内庭边长122米的正方形合院——卡利庭院。路易十三于1643逝世，勒美西亚于11年后去世，去世前只完成了庭院的西北部。之后路易十四委任建筑师勒·温特（Louis le Vau）负责北、东、南部分的扩建工作。特别值得一提的是，在勒·温特的主理下，多位著名的法国和意大利建筑师，包括意大利文艺复兴高峰期的人文主义大师里纳埃尔（Gian Carlo Rainaldi）和贝尔尼尼（Gian Lorenzo Bernini）等被邀请为这合院的东立面提供设计方案。最后，法国建筑师佩罗（Claude Perrault）的方案脱颖而出。

建筑楼高三层，外立面看来像只有一个主层坐落在一个石块建造的台阶（又称地层或地窖层）上。南北两端和中部的进口门楼较突出，以壁柱装饰。主层则以双科林斯柱支撑，外墙退缩形成柱廊，整个外立面雕塑感十分强烈，这也开创了日后欧洲各地以双柱式外廊为主立面装饰的先河，可见这立面的重要性和当年王室喜爱的建筑风尚。此外，门楼主层列柱顶上来自古希腊神庙山墙的三角楣饰、平屋顶（法国特色的阁楼式屋顶没有了）、烛台式（iustre）栏杆以及把地层视为主建筑台阶等都来自意大利文艺复兴早期的建筑概念。到卢浮宫旅游，不应错过。

1675年后，路易十四和其后的君主都把精力花在建设凡尔赛宫上，卢浮宫的扩建计划曾一度停滞。直至拿破仑一世当政，才又重新聘

▶ 由拿破仑三世改建、面向卡鲁索桥的塞纳-马恩河门楼

请了新古典主义建筑师佩西亚（Charles Percier）及他的合伙人方亭（Pierre Fontaine）去完成卡鲁索广场以北，由马尔桑门楼（Pavillon de Marsan）至卢汉门楼（Pavillon de Rohan）的部分，从而形成由旧卢浮宫往杜伊勒里宫的另一条室内通道。

到了19世纪中后期，拿破仑三世为了整合旧卢浮宫和杜伊勒里宫的功能，在现拿破仑三世广场北部加建了杜尔哥门楼（Pavillon Turgot）、列保门楼（Pavillon Richelieu）和科尔伯特门楼（Pavillon Colbert）。加上广场南部的大宇门楼（Pavillon Daru）、迪朗门楼（Pavillon Denon）和莫连门楼（Pavillon Mollien）等共两组建筑物，供各政府部门使用。设计上均以旧卢浮宫由勒美西亚设计的萨利门楼（Pavillon Sully）或大钟门楼（Pavillon de l'Horloge）为范本。

卡鲁索广场的凯旋门（Arc de Triomphe du Carrousel）和巴黎凯旋门是为了纪念拿破仑一世的功绩同期兴建的。它原是杜伊勒里宫的进口门楼（高19米、宽23米、深7.3米），三拱洞式，中央拱洞高6.4米、宽4米，两侧较小的高4.3米、宽2.7米。东西立面各以四支粉红色大理石科林斯柱支撑，柱顶横楣处以帝国战士装饰。原来的拱门顶安装了拿破仑从威尼斯圣马可大教堂夺来的《圣马可之马》（Chevaux de Saint-Marc）塑像，该艺术品于滑铁卢战役失败后被送回原地，现在看到的是由两位胜利女神带领的《和平战车》（Chariot de Paix）雕塑，是波旁王朝为纪念复辟和拿破仑失败而装上的。

开双柱式立面先河的东立面外廊

▶　面向拿破仑三世广场的北立面

虽然卢浮宫经历了数个世纪的沧桑，朝代更替，不断的扩建、加建、毁坏和修复，现在看到的和当时构想的已有很大的分别，但它却忠实地记录了300多年的历史变迁。如要看近代的建筑，拿破仑三世广场中央的玻璃金字塔是一个很好的选择，它是美籍华裔建筑师贝聿铭（Leoh Ming Pei）的作品，1989年完成，是现卢浮宫博物馆的主入口。有人认为金字塔的概念与卢浮宫格格不入，大概因为300多年的改建、加建都是采用以和原建筑协调为目的的手

▶ 面向拿破仑三世广场的南立面

▶ 萨利门楼

▶ 卡鲁索广场上的凯旋门

法，贝先生却采用了相反的理念，以对比的手法从建筑文化演进的角度去设计建造。一古一今（卢浮宫是西方建筑文化数千年来演进的成果，金字塔则是这文化的基因），一虚一实（卢浮宫是砖石包合的实物，而玻璃是最通透的实体），一简一繁（卢浮宫充满了各式各样的装饰，而金字塔是最简约的几何体）。两者对比强烈、新旧分明，但又互不干扰，可以说玻璃金字塔带有承前启后、一脉相承的文化意义。

▶ 凯旋门柱顶横楣的帝国战士浮雕

▶ 广场上的路易十四雕像

卢森堡宫：王朝内讧与母子争权

（Palais du Luxembourg，1615—1645年）

巴黎

现巴黎第六区卢森堡公园内的议会大楼原是波旁王朝君主亨利四世第二任妻子、路易十三的母亲玛丽·美第奇（Marie de Médicis）王后的寓所。她来自对法国的政治和经济都很有影响力的意大利美第奇家族（Maison de Médicis）。1610年亨利四世遇刺后，玛丽王后一度摄政，并计划把寓所搬离卢浮宫，因此于1612年从卢森堡大公（Grand-duc de Luxembourg）那儿购入土地，同时聘请当时知名的建筑师布贺斯（Salomon de Brosse），仿照意大利佛罗伦萨她出生的碧提宫（Palais Pitti）去设计她的新寓所。

摄政期间，玛丽王后恣意任用外戚，管理混乱，王朝内纷争不断。1617年，新寓所工程尚未完成，亲政后的路易十三在宰相黎塞留的支持下，把母亲软禁在卢瓦尔-谢尔省（Loir-et-Cher）的布卢瓦城堡中。碍于美第奇家族在法国的影响力，1621年在黎塞留的斡旋下，玛丽得以重返巴黎。她的新寓所于1624年完工，即国会大楼的前身——卢森堡宫。虽然如此，玛丽和黎塞留之间的权力斗争仍未停息，1631年双方在卢森堡宫的御前会议中决裂，之后路易十三再次把他的母后放逐到瓦兹省（Oise）的贡比涅市（Compiègne）。玛丽在巴黎的寓所亦从此易主。

▶　意大利佛罗伦萨碧提宫

卢森堡宫用地约12,600平方米，建筑面积达15,000平方米。合院形式布局，门楼在北，主进口临美第奇路（Rue de Médicis），主楼坐南朝北，庭院面积约4200平方米。整幢建筑规划为东西对称的两翼，功能也相仿，包括寝室、衣帽间、寝室前厅、宴会厅、生活厅、露台、画廊、警卫间及一切生活设施等。东翼是玛丽·美第奇的寓所，西翼则是路易十三到访时的临时居所。

从立面上看，除屋顶设计外，无论是门洞还是窗洞的造型、屋顶栏杆、外墙石艺，以至装饰壁柱等都和碧提宫十分相似，但工艺更细致，是典型的意大利文艺复兴时期佛罗伦萨的巴洛克建筑风格。这是在法国最早的重新演绎意大利巴洛克建筑艺术的作品，有建筑史学者认为卢森堡宫为日后巴洛克建筑风格在法国的发展开拓了道路。

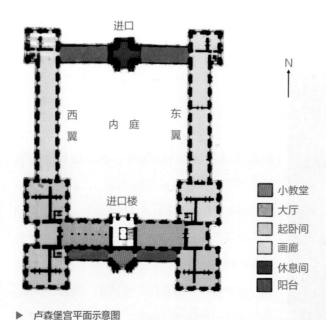

N

■	小教堂
■	大厅
■	起卧间
□	画廊
■	休息间
■	阳台

进口

西翼　　内庭　　东翼

进口楼

▶　卢森堡宫平面示意图

卢森堡宫在19世纪改作议会用途后，虽然经多次改建和扩建，外观仍然和当初无异，可见后来的建筑师都认真地避免了破坏原来的风格，大概是因为巴黎政府和市民都很重视它的艺术价值吧。

除建筑外，卢森堡宫的花园也和碧提宫的波波里花园（Jardin de Boboli）的风格十分接近，同样运用了文艺复兴时期的古罗马园艺手法，布局以几何图形和喷泉为主，园内处处以各种雕塑装饰。最初，玛丽·美第奇的花园比较小，大概只到现在公园里八角形喷泉的边沿。卢森堡花园于法国大革命后向公众开放，经过扩建，现在的公园用地约220,000平方米。

▶ 混合了巴洛克与洛可可风格的宴会厅

▶ 卢森堡宫的南立面

▶ 花园内的艺术雕塑装饰

军事博物馆：一代军事天才的最终安息之处

（Musée de l'Armée，1641—1708年）

巴黎

在巴黎第七区，塞纳-马恩河南岸，以一块约500米长、200米宽的绿化地带与亚历山大三世桥和大小皇宫接连的军事博物馆，原是一幢退伍军人疗养院（Hôtel des Invalides）。路易十三最初计划兴建几幢简单的营房式建筑，但最终接纳了建筑师邦廷（Libéral Bruand）的建议，以合院模式规划，特点是一个建筑体内包含有15个大小和用途不同的露天庭院。后来路易十三听取了将领们的意见，增加了一座皇室专用的小教堂。

疗养院部分于1641年开始动工，1676年完成。主进口向北，从外观看，明显属于意大利文艺复兴时期的巴洛克风格。有趣的是，阁楼式的屋顶已能隐约看到日后鼎鼎大名的儒勒·孟莎设计风格的影子了，这期间，他已跟随邦廷学艺了。当然，这时期也不免加入了一些属于洛可可艺术风格的镏金装饰。

小教堂原本为皇家专用，以法国历史上一位伟大君主——被称为圣路易的卡佩王朝的路易九世命名。小教堂也是邦廷的作品，1679年由孟莎完成。大概由于不符合皇室的形象，落成后，路易十四把小教堂拿给军士使用，后简称军士教堂。而这时候孟莎已受到路易十四的赏识。

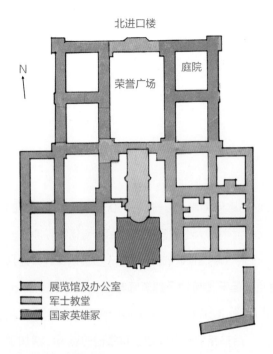

北进口楼

N

荣誉广场   庭院

展览馆及办公室
军士教堂
国家英雄冢

▶ 军事博物馆平面示意图

到访军事博物馆，最令人惊叹的还是国家英雄冢（Dôme des Invalides）那金光璀璨的穹隆顶。原来路易十四把小教堂开放后，聘请孟莎在疗养院南端加建一座更宏伟、更华丽的皇家教堂，作为皇室成员死后的墓冢。新教堂主立面向南，前庭临图维尔大道（Avenue de Tourville），建筑面积约3700平方米，希腊十字形平面，边长约56米，北面和军士教堂相连。新教堂的造型仿照罗马圣彼得大教堂，比例也相仿，体积约是圣彼得大教堂的三分之二。四个巨大的柱墩承托着教堂上空的穹隆顶，柱墩内空，藏有楼梯通往上层四角形的小祭堂。穹隆内拱顶的镏金装饰陪衬着霍斯（Charles de La Fosse）的作品，他是路易十四最器重的艺术家勒·布仑的学生。从远处看，孟莎的穹隆顶和邦廷的疗养院配合得天衣无缝。

▶ 英雄冢南立面

▶ 穹隆内的拱顶

新教堂于1708年完工，未料到的是路易十四死后，这座教堂并未按他生前的意愿成为皇家墓冢，因此，从来没有一位波旁王朝的成员被埋葬于此。拿破仑一世死后仍被视为国家英雄，所以1840年，经复辟的奥尔良王朝君主路易·腓力一世（Louis-Philippe Ier）同意，拿破仑的遗骨从圣赫勒拿岛被运回，安葬于堂内。此后，还有几位拿破仑一世的家族成员和一些功绩显赫的军事将领被供奉于此。因此，新教堂也可被称为国家英雄的墓冢吧。

▶　拿破仑一世的灵柩

凡尔赛宫：权力奢靡的高峰，王朝没落的拐点

（Château de Versailles，1661—1756年）

巴黎

谚语说"弓满则折，月满则亏"，法兰西人经营了1000多年的家族王朝过了全盛时期后便急速衰落，凡尔赛宫便是这个"自然规律"的佐证。

位于巴黎南约20公里的凡尔赛宫，原是贵族的狩猎庄园，路易十三于1622年购入，死后，产权由路易十四继承，现在大部分的建筑都是路易十四执政时期建设的。

路易十四5岁登基（1643），初期受到贵族和顾命大臣挑战，幸得母后扶持才得以于23岁亲政（1661），因此，他自幼便体会到权力的重要，努力学习驾驭王室贵族、公卿大臣之术。路易十四在位72年，在他的统治下，法兰西王朝进入了史无前例的全盛时期。无独有偶，中国清朝康熙皇帝约于同时期8岁登基（1661），14岁亲政（1667），受到同样的挑战，也同样得到祖母孝庄太后的保护，他在位的61年，是清代的政治经济高峰期，史称"康熙盛世"。

路易十四亲政前，已专门去修建凡尔赛宫，为的是从巴黎市中心、容易受政治干扰的卢浮宫搬离做准备。他委任勒·温特及勒·诺特（André Le Nôtre）共同规划和设计整个建设计划。路易十四热爱意

▶ 中国上海阁楼式屋顶

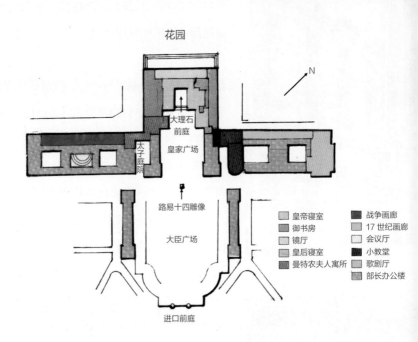

花园

N

大理石前庭

皇家广场

太子庭院

路易十四雕像

大臣广场

皇帝寝室		战争画廊
御书房		17世纪画廊
镜厅		会议厅
皇后寝室		小教堂
曼特农夫人寓所		歌剧厅
		部长办公楼

进口前庭

▶ 凡尔赛宫平面示意图

大利文艺复兴时期的艺术风尚，早于1663年便设立了罗马奖学金并在罗马创立了法国艺术学院，鼓励有天分的艺术工作者到意大利学习，为国家未来建设培育人才。

勒·布仑15岁就已在法国艺术界崭露头角，受到教廷的赏识和支持，到意大利跟多位大师学艺，被路易十四认为是法国有史以来最伟大的艺术家。勒·温特早年随石匠父亲工作，对意大利前巴洛克时代建筑大师贝尔尼尼父子（Pietro, Lorenzo Bernini）和科尔托纳（Pietro da Cortona）的艺术风格认识很深，辗转从事建筑设计工作，被喻为当时最出色的法国巴洛克建筑师。勒·诺特是园林世家出身，早年随祖父及父亲参与杜伊勒里宫的园林建设，其后更替代父亲，晋升为总设计师，曾多次与勒·布仑和勒·温特合作，1622年被路易十四征召到凡尔赛宫工作。

儒勒·孟莎早年随叔父弗朗索瓦工作（弗朗索瓦是那些高坡度四周双曲线、内藏阁楼的孟莎式屋顶的创造者，可惜当时不被重视），其后转随邦廷参与退伍军人疗养院的设计，才华横溢，受路易十四赏识。1675年受邀前往凡尔赛宫担任皇家建设总监后，儒勒·孟莎把叔父的创作应用于凡尔赛宫，不久即受到重视。19世纪巴黎重建期间，孟莎式屋顶更广泛地被采用，也影响了海外的建筑风尚，如中国上海等对外开放地区亦可见到这种屋顶。

建筑史学者一致认为孟莎的创作代表了法国巴洛克艺术风格的极致，他的作品也是最能代表路易十四权力和奢华品位的。所以，凡尔赛

皇帝寝室

▶ 皇后寝室

宫可以说是意大利文艺复兴各时期艺术理念法国化的成果，这种风格被称为洛可可建筑风格。

凡尔赛宫于1661年在原庄园基础上修建，在1664 至1710年间先后进行了四次扩建，每次扩建都恰巧在对外战争前后，目的是把贵族和王公大臣聚集到路易十四掌控的范围中，为他们提供奢华的生活，以减少他们在政治和军事上的干扰。路易十四自称太阳王，在建设中不忘表扬自己的丰功伟绩。他一生不断对外扩张权力，对内加紧集权，在位的72年是法国的全盛时期，可惜他沉迷享乐，耗尽了国家的财富，为王朝埋下了灭亡的种子。

现在的凡尔赛宫可分为中央、南北两翼、前庭和园林四个部分。

▶ 镜厅

中央部分是国王和王后起居生活和私人接待宾客的地方，装饰工艺讲究，别具风格。两寝宫之间的镜厅，长72米、宽10.5米、高12.3米，是举办舞会和接待外宾饮宴的场所。镜厅内墙的大理石贴面及嵌饰工艺精细，拱形天棚画满路易十四的英雄事迹，均以镏金线条和浮雕装饰，虽然室内摆设的工艺品不多，但在琉璃吊灯和烛台的衬托下，金碧辉煌，是洛可可装饰风格的典范。至于那17扇拱形落地玻璃门以及门对面墙上数量、位置、大小相似的镜子（当年镜子和玻璃都十分珍贵），不但使户外园景一览无遗，也令室内空间显得更宽敞。把室外园林景色带入室内，给人以亦

真亦幻之感，是前巴洛克的空间设计理念。镜厅的美轮美奂，是勒·布仑和孟莎合作的成果。

南翼是路易十四坐朝听政的地方，北翼主要是辅助的生活设施，包括多个画厅、艺术收藏室、图书室、小教堂和歌剧厅等。小教堂属于巴洛克式和哥特式混合的风格，采用传统教堂的平面规划，楼高两层，上层设有王室包厢。室内装饰采用了这时期常用的风格，如以彩色大理石装饰地面。游廊以下以布满浮雕的方柱承托，以上则采用科林斯柱式。祭堂和风琴都是以洛可可手法装饰。小教堂是孟

▶ 小教堂内部

▶ **歌剧厅内部**

莎的作品。歌剧厅位于南翼尽头处，1770年完成，是为了庆祝路易十五大婚而建造的，可容纳七百多位宾客。最特别的地方是室内的装修材料全部是仿石块的木块，所以吸音效果良好；另外，大堂地板可升至与舞台平行，这样，歌剧厅就能摇身一变成舞厅。

前庭指大臣广场两旁最后加建的独立建筑物，是中央政府各部门使用的地方。这时候，整个王朝的管治机构都搬进了凡尔赛宫。

园林是皇宫不可或缺的组成元素。凡尔赛宫的花园是欧洲最大的皇家园林，一望无际，由运河、人工湖、喷泉、花坛、丛林小径组成；平面布局呈几何形，喻义自然与文明有序，天工与人力和谐。园内艺术品琳琅满目，都是著名艺术家的作品。景点都以罗马神话为主题，其中最值得欣赏的，首选是拉冬娜喷泉（Bassin de Latone），女神和蛤蟆的造型隐喻路易十四登基初期受到奸佞威胁，幸得母后支持才得以顺利亲政的事迹，是孟莎的作品；其次是太

▶ 拉冬娜喷泉与一望无际的园林，远处是大运河

阳神喷泉（Bassin d'Apollon），路易十四自喻为罗马神话中的太阳神，勒·布仑就以太阳神驾马车巡游的雕像来歌颂他；其他如海神（Neptune）喷泉、酒神（Bacchus）喷泉、花神（Flore）喷泉、丰收神（Cérès）喷泉、农神（Saturne）喷泉，以至那梯级金字塔等，均出自名家之手，反映出当年法国的艺术流向受意大利文艺复兴的艺术理念影响深远。

花园设计以园为主，宫殿西立面是花园的背景，这里看不到孟莎式的屋顶和那些繁复的洛可可装饰，外观仍保持着最初勒·温特设计的法式巴洛克风的模样。此外，园内还有大小两幢风格相近的别宫，大别宫（Grand Trianon）是勒·温特的手笔，于路易十四时期建造；小别宫（Petit Trianon）虽然室内装修华丽，但规模较小，大概是因为路易十五不想冒犯他的父亲吧。两座别宫都是他们父子与情妇的幽会之所。

▶ 太阳神喷泉

▶ 花神喷泉

▶ 宫殿的西北立面在设计上作为皇家花园的背景

▶ 大别宫外观

协和广场、玛德莱娜教堂、国民议会大楼：都市规划与历史景观

（Place de la Concorde，1754—1763年；Église de la Madeleine，18
世纪；Assemblée nationale，18世纪）

巴黎

协和广场南临塞纳-马恩河，在杜伊勒里宫花园、玛德莱娜教堂和香榭丽舍大道（Avenue des Champs-Élysées）中轴线的交会点上，从都市规划的角度看，它是卢浮宫与香榭丽舍大道的过渡空间。广场面积达80,000平方米，1754年路易十五委任他最喜爱的建筑师加布里埃尔（Ange-Jacques Gabriel）设计，1763年完成。最初规划的广场呈八角形，四周以人工河道环绕（现已被填平）。1772年，为了庆祝路易十五大病初愈，在广场中央树立了他的雕像，广场也被命名为路易十五广场。

1792年法国大革命期间，雕像被断头台代替，广场亦易名为革命广场。随后几年，逾千人在那里被处决，包括路易十六和他的妻子玛丽·安东尼（Marie-Antoinette）。不过，难以想象的是，当年的革命领导之一，政治家、法律家罗伯斯庇尔（Maximilien de Robespierre）因与国民公会意见不合，被指叛国，未经审讯，也在那里被处决了。可见革命时期政治混乱，十分血腥。

1836年，重新规划广场时，断头台被埃及的方尖碑（obélisque）代替了。它是1831年埃及总督承诺送给法国的三座方尖碑之一，高23

米、重达230吨，三千多年前矗立在埃及卢克索（Louxor）法老王拉美西斯二世神庙（Temple de Ramsès II）的进口处。方尖碑本是埃及的国宝，不知何故被承诺送给法国，也许是当年埃及与奥斯曼帝国作战时请求法国支援而承诺的回报，但之后不知何故，其余两座并未送到，承诺也不了了之。广场的方尖碑是一块完整的粉红花岗石，上面以埃及象形文字刻着拉美西斯二世和三世的功绩，基座则刻着描写方尖碑运送和安装过程的文字。四周分别安放了象征波尔多、布雷斯特、里尔、里昂、马赛、南特、鲁昂和斯特拉斯堡八大城市的雕塑，寓意共和。1836和1839年先后在方尖碑南北两侧加建的两座以海洋为主题的铜塑喷泉，是共和国重视海军建设的象征。

广场北面以南北中轴线分隔的两幢大楼于1757和1774年建成，也是加布里埃尔的作品。大楼正立面的设计和卢浮宫东立面的风格相近，同样被认为是法式巴洛克建筑的代表作。西面的一幢原为政府办公大楼，东面的为海军总部。但不久西面的楼便被改为豪华饭店，那是玛丽·安东尼经常喝下午茶和学习钢琴的地方，一直运营至今，现称克里雅大饭店（Hôtel de Crillon）。法国大革命后，东面的大楼也被改为现在的海军酒店（Hôtel de la Marine）。

现在看到的中轴线北面终点的玛德莱娜教堂，属于古希腊八柱制（octastyle-périptère）、外柱环绕形制神庙建筑模式（希腊神庙共有十一种柱制、八种形制，参看《欧游看建筑》）。教堂的建筑计划于路易十六统治时期开始，原是用于供奉圣心教会创办人圣女玛德莱娜的。原设计效仿退伍军人疗养院的国家英雄冢的风格，法国大革

▶ 象征城市、寓意共和的雕塑

▶ 海洋主题的喷泉，远处是克里雅大饭店和海军酒店

▶ 玛德莱娜教堂

▶ 南北中轴线上的喷泉、方尖碑，和南端的国民议会大楼

▶ 国民议会大楼

命期间，工程遭遇多次停顿和变化。1806年拿破仑一世将其改建为古希腊神庙样式，用以彰显共和国的军人精神。凯旋门建成后，玛德莱娜教堂象征军人精神的功能减弱，从而恢复履行其作为教堂的职责。

沿南北中轴线向南走，通过协和桥可直达国民议会大楼。大楼原名为波旁宫（Palais Bourbon），是路易十四女儿露易丝·弗朗索瓦（Louise Françoise）的住所，法国大革命期间被收归国有，后改为国民议会的活动场所。1805 年，拿破仑一世在立面上加盖了古希腊神庙的柱廊。相信这是他当年政治信念的表现吧。从协和广场和邻近建筑的关系上，可以看到巴洛克时期的都市规划理念。

走向近代
（19—20世纪）

L'âge moderne

地理环境因素

19至20世纪期间，欧洲的建筑发展主要由一些工业化的地区带动，这些地区大多土地肥沃、农业发达、经济和人力资源条件较好。若当地或邻近地区的煤矿和铁矿蕴藏量丰富，交通便利，具有与境内和境外大陆各地、大西洋沿岸地区贸易等有利条件，则更利于发展。

法国北部在这些方面有得天独厚的优势，因此，工业化进程领先于其他地区，拥有新技术、新材料、新产品，标准化、模式化的工业产品质量可靠，价格便宜，受市场欢迎。更由于交通设施改善，大量产品可以通过公路、铁路、河流、海洋等渠道迅速地被输送到各地。

建筑方面，合成砖块、陶瓷、铸铁和锻铁等产品得到大量生产，渐渐取代了以往的本地建筑材料，带动了欧洲各地工业化时期的建筑发展。之后，钢筋混凝土的出现，钢铁和玻璃技术的进步使建筑进一步摆脱了昔日技术的限制。与传统的地理环境密切相关的建筑特色渐渐衰退，工业产品和新技术登上了建筑史舞台，开始主宰日后的建筑发展模式。

罗马的法国艺术学院与罗马奖学金

路易十四热爱意大利文艺复兴时期的艺术风格，执政初期已在罗马创立法国艺术学院，并于1663年设立罗马奖学金，资助一些由国家选拔出来的、有天分的艺术学生到该学院接受培训。学院创立之初只有绘画和雕塑两门课程，路易十四去世后，路易十五于1720年加入了建筑学课程。法国大革命后，拿破仑一世于1803年再增添了音乐课程。同时期，为保障这一学术机构不受大革命影响，罗马的法国艺术学院从原来的曼奇尼宫（Palais Mancini）被迁往修复后的美第奇别墅（Villa Médicis），让法国年轻的艺术类学生有机会重睹和浸淫于文艺复兴时期的重要建筑文物中。

法国美术学院

坐落在圣日耳曼德佩区（Quartier Saint-Germain-des-Prés）波拿巴路（Rue Bonaparte）上、塞纳-马恩河南岸，与卢

浮宫隔河相对的法国美术学院，又称布杂艺术学院，它的前身是法兰西艺术学院。路易十四的宰相马扎然于1648年创建法兰西皇家绘画与雕塑学院，画家及理论家勒·布仑为院长，早期的任务是为凡尔赛宫设计建筑、装饰、艺术品等，以歌颂路易十四的丰功伟绩。1816年，路易十八将其与皇家音乐学院和皇家建筑学院合并，并改变以往的随师学艺制度，系统性地培育艺术人才。19世纪中叶之前，该学院由国家管理，专为王室贵胄服务。1863年，在拿破仑三世的改革下，学院易名为今天的法国美术学院，享有独立行政权，可以自由接收海外学生及女性学生。20世纪前后，学院接收了不少来自世界各地的学生，尤以美、加的为多，对日后到法国或美、加留学的中国学生影响深远。

布杂艺术

布杂艺术的创作理念集古希腊、古罗马以及意大利各时期风格之大成，结合其他地理环境的条件，强调欧洲建筑的传统，却不拘于原来的规范和制式。在使用相关的构件时，根据设计的需要、建筑师的美学观念，自由地、有秩序地对构件进行重新组合。

历史背景

工业化的急促步伐对社会改革的影响重大，这时候一些自身条件利于工业化的城市迅速崛起，大量人口也向这些城市集中。城市须兴建大量和多样化的新建筑，除商业及工业运作设施外，也需要兴建娱乐、运动、教育、医疗卫生、福利设施，以至公共运输设施等来应付新的社会需要。

另一个社会现象是贫富差距缩小。昔日王室贵族的奢华建筑日渐减少，代而兴起的是大量中产阶级的和改善劳动阶层生活质量的房屋。

事实上，欧洲工业化的进程不是一帆风顺的。早于18世纪末法国大革命时期，欧洲一些君主专制的国家害怕政权受到拿破仑领导下的政治理念的影响，先后多次组成反法联盟和法国对抗。虽然拿破仑最终失败，但其后各国之间的地域和利益斗争日趋激烈。欧洲各国为了稳定，也先后组成了各种不同的政治军事联盟，相互对抗，从而导致了第一次世界大战（1914—1918）和第二次世界大战（1939—1945）。这时期，新的政治模式和经济状态也渐渐催生了具有划时代意义的新的建筑理念。

法国方面，在19世纪早期，大部分地区的建筑仍保留着一些简化了的古罗马风特征。虽然在19世纪中叶哥特风格一度复苏，但也只在宗教建筑方面有所发展。到了19世纪晚期，从巴黎开始，建

▶ 法国美术学院

筑风格便渐渐向意大利文艺复兴时期的艺术理念靠拢了。其实，早在17世纪，波旁王朝的路易十四已经相当喜爱当年意大利的艺术风尚了。在他执政期间，除了在巴黎创建法兰西皇家绘画与雕塑学院（Académie royale de Peinture et de Sculpture），在罗马创立法国艺术学院（Académie de France à Rome），还设立了罗马奖学金（Prix de Rome），为一些有天分的学生提供到罗马接受培训的资金。更于1669年和1671年在巴黎先后设立了皇家音乐学院（Académie de Musique）和皇家建筑学院（Académie royale d'Architecture），为国家建设培育人才。1816年，路易十八把三间学院合并为法兰西艺术学院（Académie des Beaux-Arts）；在法兰西第二帝国拿破仑三世执政期间，学院易名为法国美术学院（École des Beaux-Arts）。此后，该学院的学术理念被称作布杂艺术（Beaux-Arts）理念。

此外，工业化也为建筑带来新的发展空间，传统的建筑理念遇上了新的挑战。建筑师被要求设计大跨度空间、高层楼宇、抗火建筑等划时代的建筑，铸铁、锻铁和钢成为建筑师重点研究

▶ 巴黎里昂火车站

▶ 法国国家图书馆

► 巴黎近郊的梅尼耶巧克力工厂

▶ 巴黎近郊的圣让蒙马特教堂

▶ 圣让蒙马特教堂内部

的建筑材料。自建筑师维克托·路易斯（Victor Louis）于18世纪末为法兰西国家剧院成功地盖上钢结构屋顶后，钢结构技术日趋成熟，大量要求大跨度空间的建筑如桥梁、美术馆、博物馆、火车站、工厂、购物中心等相继出现。到了19世纪20年代，建筑师拉布鲁斯特（Henri Labrouste）在建造巴黎的圣日内维耶图书馆（Bibliothèque Sainte-Geneviève）和旧国家图书馆（Bibliothèque nationale de France）时，成功研发出以铸铁和锻铁作为建筑物内部结构、以石块作为外部材料的建造技术。这时候，传统的建筑手法和新技术已经开始融为一体了。

半个世纪后，建筑师索尼耶（Jules Saulnier）在建筑理论家勒·杜克（Eugène Viollet-le-Duc）的启发下，在诺瑟尔小镇（Noisiel）的梅尼耶巧克力工厂（Chocolaterie Menier），把原来的钢铁技术进一步发展为独立结构框架系统，外墙变成只为遮风挡雨而设的建筑构件。在钢筋混凝土被普遍采用之前，这种技术一直被西方各地广泛运用。

工业化改变了人们的生活方式，也改变了他们的传统思维模式，催生了一个崭新的艺术理念。传统的对称、雄浑、力量、理性、现实被视为封建时代的美学标记；相反地，新艺术（Art nouveau）强调不对称、纤幼、柔弱、浪漫、超现实。原来严谨的搭配也变为自由的组合，单调的颜色变为多姿多彩，不受任何束缚，自由奔放，创意无限，以反映新的政治观念和社会价值观。

新艺术理念在法国、比利时与奥地利之间兴起，旋即席卷欧洲各大

勒·杜克
（1814—1879）

勒·杜克是法国建筑师、建筑理论家。虽然他的理论和当时的艺术学院派格格不入，但在19世纪修复古典建筑风潮中脱颖而出。杜克以修复巴黎圣母院名噪欧洲，被誉为哥特建筑修复大师。杜克毕生修复的作品甚多，除巴黎圣母院外，还包括了韦兹莱修道院（Basilique Sainte-Marie-Madeleine de Vézelay）、巴黎圣物小教堂、圣但尼圣殿、图卢兹的圣塞宁大教堂、纳博讷市政府（Mairie de Narbonne）楼、皮耶枫城堡（Château de Pierrefonds）、卡尔卡松城堡等数十座欧洲重要的历史文物。到法国旅游，很容易看到勒·杜克修复的作品。

19世纪70年代，他曾被聘请设计美国纽约港口自由女神像（Statue de la Liberté），可惜工程尚未完成，杜克便于1879年去世。此项目最终由巴黎埃菲尔铁塔的建造者居斯塔夫·埃菲尔（Gustave Eiffel）完成。

新艺术

19至20世纪之间，新技术、新产品和新的社会需要催生了新的艺术理念。新理念在法国、比利时、奥地利之间兴起，迅速融入绘画、建筑、家具设计、室内装饰及各式各样的工业产品中，流行于欧洲各大城市，以至世界各地。

新艺术一词起源于巴黎一间专门售卖这种艺术风格产品的小商店（Maison de l'Art nouveau），其后被作为这个划时代的艺术理念的代名词。

城市。为了向各国彰显在工业和艺术上的成就，法国于1889年在巴黎的世界博览会上把最先进的钢铁技术和新艺术理念糅合起来，建造了著名的埃菲尔铁塔。

约于同一时期，钢筋混凝土技术在欧洲各地出现，这方面，法国也比其他地区领先。这项技术最初只被用于工业建筑，终于在1905年出现了第一幢运用钢筋混凝土技术修建的非工业建筑——巴黎近郊的圣让蒙马特教堂（Église Saint-Jean de Montmartre），它是使用钢筋混凝土技术的先驱。

宗教影响

工业化改变了社会的意识形态，带来教育的普及化。宗教对社会的影响力减退，老百姓对不同宗教信仰持包容态度，巴黎近郊的圣心大教堂（Basilique du Sacré-Cœur）正是这时期社会状态在建筑上的表现（参看《欧游看建筑》第82页"建筑风格的成因"）。此外，大部分社会建设都是在工业发达、人口众多的城市进行。

▶　罗马美第奇别墅

▶ 加拿大温哥华文物馆

▶　新艺术绘画示意图

▶ 这里原是名叫"新艺术"的小商店，现改建为小区邮局

巴黎司法宫：与巴黎一同成长的文化遗产

（Palais de Justice，Paris，13—19世纪）

巴黎

若说建筑是历史的载体，那么在巴黎西堤岛上的一块约50,000平方米土地上的建筑便是法国两千多年历史演进的见证者。西堤岛在罗马帝国时代就已是罗马人的军事重地，巴黎地区的军政中心。自墨洛温王朝起，到瓦卢瓦王朝约翰二世（Jean Ⅱ）执政期间，西堤岛更是所有王朝的统治中心、王宫所在地。1364年，他的儿子查理五世继位，把宫殿迁往卢浮宫，原来的王宫、法庭和圣物小教堂都交予国会供行政及司法部门使用，由他的总管（conciergerie）全权负责执行，历史学者称之为"Conciergerie计划"。后来王宫改为司法部门的监狱后，亦以Conciergerie为名（现称古监狱）。现在表示酒店礼宾部的concierge一词大概也源于此。

法国大革命期间，原王宫是囚禁政治犯和重要犯人的监狱，曾关押过路易十六的妻子玛丽·安东尼。法兰西第二共和国总统及第二帝国君主拿破仑三世在对抗普鲁士一役失败下台后，被放逐到英国前，也一度被囚于此。最讽刺的是，原来被认为是革命英雄的司法部部长罗伯斯庇尔后被指叛国，处决前也是被监禁在他曾管辖的司法宫里。

现司法宫建筑用地约31,000平方米，是一个集立法、司法和行政功能于一体的建筑。司法宫的大部分是由拿破仑三世（第二帝国时期）

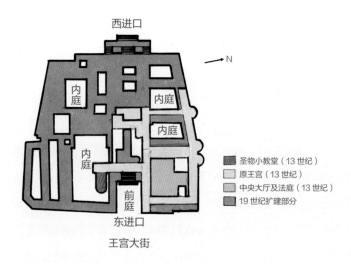

西进口

N

内庭

内庭

内庭

内庭

前庭

东进口

王宫大街

■ 圣物小教堂（13 世纪）
□ 原王宫（13 世纪）
■ 中央大厅及法庭（13 世纪）
■ 19 世纪扩建部分

▶ 司法宫平面示意图

所扩建，虽然经过多次的破坏和修复，但仔细去看，仍然可以根据
不同的建筑风格分辨出建筑物的修建年代。

面向王宫大街（Boulevard du Palais）、法院前庭（Cour du Mai）南
侧哥特风格的圣物小教堂是保存最完整的建筑物。其次是腓力四世
扩建的宫殿（Palais de la Cité），虽然这部分之后被改建为法庭和监
狱，内部装修已面目全非，但从平面规划上仍可隐约感觉到当年的
规模。面向塞纳-马恩河的立面仍保留着罗马风时期的城堡建筑的
特色。

▶ 前庭北侧的中央大厅及法庭

▶ 面向塞纳-马恩河的立面

▶ 西立面造型的灵感来自古埃及哈索尔神庙和古希腊神庙

其余的都是在19世纪巴黎公社运动中被破坏后全面修复和扩建的部分，建筑师是约瑟夫－路易·杜克（Joseph-Louis Duc）。杜克早年就读于法兰西艺术学院，曾获罗马奖学金到意大利深造，毕生作品不多，除了巴士底广场（Place de la Bastille）的七月之柱（Colonne de Juillet）外，就属司法宫最具代表性。杜克一生大部分的时间都花在司法宫的修复和扩建上，因此，司法宫也可以说是反映19世纪巴黎建筑艺术流向的作品。据说，司法宫西立面的造型灵感来自古埃及哈索尔神庙（Temple d'Hathor）和古希腊神庙，反映了设计者不拘一格，认为什么最好、最适当，就怎样做的布杂艺术的创作理念。

先贤祠：罗马万神庙在法国的后嗣

（Panthéon，1758—1790年）

巴黎

巴黎先贤祠与意大利罗马万神庙同采用英语单词Pantheon，两者兴建时间相距16个世纪，乍一看有点相似。先贤祠被称为新古典主义风格（néo-classicisme）的代表，在18世纪后成为共和国的建筑象征，美国国会大楼更引用这种建筑风格来表达它的政治理念；万神庙则被视为经典的古罗马建筑，象征着专制政权和神权。为什么它们怀着相同的建筑基因，但在历史、社会和建筑意义上又截然不同呢？

波旁王朝君主路易十五在1744年的一场大病中，祈求法国保护神——圣女日南斐法庇佑，许愿为她重建圣殿。病愈后，路易十五为了实现承诺，委任皇家建设总监马里尼侯爵（Marquis de Marigny）负责筹划重建项目。圣殿的建筑师是索弗洛（Jacques-Germain Soufflot），早年曾获罗马奖学金到罗马的法国艺术学院学习，对古希腊和古罗马建筑认识很深，并成功地将这些古典元素和哥特建筑融合在一起，创造出一种新的建筑风格，学术界称为新古典主义。

圣殿于1758年动工，由于经济困难，进度十分缓慢。路易十五和索弗洛于1774、1780年相继去世后，圣殿工程由路易十六和索弗洛的学生尚·朗德莱（Jean-Baptiste Rondelet）于1790年法国大革命风

▶ 罗马万神庙

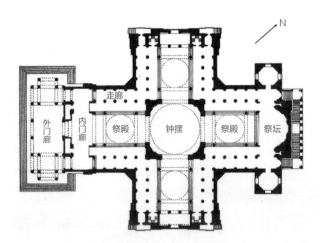

▶ 先贤祠平面示意图

▶ 与罗马万神庙不同的转角柱式

起云涌之际完成。

其后，米拉波伯爵（Comte de Mirabeau）在他主持的国民制宪议会（Assemblée nationale constituante）中宣布把圣殿改为纪念革命英雄的墓冢，易名为先贤祠，意思是被供奉于此的都是国家的守护神。米拉波于1791年去世，是第一位被葬于先贤祠的人物。其后，一些对国家有杰出贡献的人士，如思想家伏尔泰、发明家布莱叶、作家雨果、社会主义学者让·饶勒斯、物理学家居里夫妇等，均被安葬在先贤祠。至2015年，先后有75位法国名人被供奉于祠内。

法国是传统的天主教国家，先贤祠也位于巴黎的拉丁区内，但是平面规划并没有选用宗教建筑的会堂或拉丁十字架样式（Croix latine），而是采用古希腊人象征生命和光的十字（Croix grecque）样式——和现代的瑞士十字国徽、国际红十字会的十字标志所表达的意义相同，这说明索弗洛的设计一开始便脱离了宗教象征。

整幢建筑长110米、宽84米、高83米，设有相同面积的地下坟冢。主进口在西立面，门廊设计采用古希腊科林斯柱式的六柱制，和罗马万神庙的八柱制十分相似。为了强调结构的稳固性和艺术效果，门廊柱式在转角处被稍稍做了修改。东面是可以直接进入地下坟冢的进口，没有门廊，立面是典型的罗马风建筑风格。南北立面十分简单，除顶楣下的一些花彩和两扇方便小门外，没有窗户，更没有任何装饰。

▶ 东北立面

奇怪的是，从外观来看，整幢建筑物窗户甚少，但进入祠内，自然光线却十分充沛，原来那些高大的哥特式采光窗户都被外墙"隐藏"了起来。室内除壁画、圣女日南斐法像、有关法国大革命和国民议会的雕像外，没有以往烦琐的洛可可风装饰，反而显得格调清雅，建筑构件比例匀称，形态优美。特别是承托那巨大穹隆的四个柱墩，更是显得娇柔无力，难怪尚·朗德莱起初也有些担心，要为它们稍作加固。其实索弗洛的方案不是把穹隆的全部重量压在这些柱墩上，而是采用了哥特建筑的飞扶壁设计，把部分重量转移到翼堂的柱子上去了。

穹隆顶直径21米，从天洞上看，是三层的复合式建筑，最低的是先贤祠的天棚，由帆拱承托在柱墩上，帆拱用以圣女为题材的壁画装饰。中层是透光层，也是承托穹隆顶的鼓座。外部以独立柱子装饰，那是从罗马风时期演变而来的装饰手法。顶层是保护层，采用了当时最普遍的建造方法，即内部用石块和铁箍搭建，外部用铅块铺成。

此外，穹隆顶下的钟摆是法国物理学家傅科（Léon Foucault）于1851年研究地球自转时设置的实验装置。到访先贤祠，也不妨看看。

▶ 从门廊内看远处的祭坛

▶　祭殿上空的天洞

▶ 天洞下的钟摆装置

巴黎凯旋门：古罗马建筑文化与布杂艺术碰撞的作品

（Arc de Triomphe de l'Étoile，1806—1836年）

巴黎

凯旋门矗立于巴黎市第八、十六及十七区的交界处，巴黎十二条放射形历史街道的交会点——戴高乐广场（Place Charles-de-Gaulle）的中心。法兰西第一帝国君主拿破仑一世于1805年在对抗俄罗斯及奥地利帝国等组成的"联军"（第三次反法同盟，Troisième Coalition）的战争中获得全面胜利，声望达到最高峰，他在此时提议修建凯旋门纪念法国人民起义推翻波旁王朝专制政权和在拿破仑战争中（Guerres napoléoniennes）的英雄及阵亡将士。

凯旋门是由法国古典建筑大师艾帝安·帕里（Étienne-Louis Boullée）的学生，著名的新古典主义建筑师尚·查果（Jean-François Chalgrin）负责设计的，他的灵感来源于古罗马的凯旋门，其所代表的是一种没有梁柱、单以拱式结构技术修建的古典建筑范式。建筑物的整体是以四柱状竖向构件以及一横向构件组合而成，其间以高50米、宽45米、深22米的拱洞分隔。正立面拱洞高29米、宽14.6米；侧面的高18.7米、宽8.5米。竖向部分内有螺旋楼梯直通上层（横向部分）及天台，横向部分分为两层。值得注意的是，偌大跨度的内部空间均是以拱形技术建成的。

尚·查果于1811年去世，后期工程由尚·艾格（Jean-Nicolas

Huyot）接手。他是法国艺术学院的高才生，曾获罗马奖学金到意大利深造，对古罗马、意大利文艺复兴早期和巴洛克时期建筑颇有研究。

在拿破仑一世第六次对抗反法同盟失败后，波旁王朝复辟，这期间凯旋门的建造工程一度停顿，最终在路易·腓力一世执政期间的1836年完成。1840年，拿破仑一世在圣赫勒拿岛逝世，他的遗体被带回法国，在哀悼英雄的仪式中经凯旋门进入巴黎。可见法国人对这位已故的革命领导者、军事统帅、第一共和国缔造者和第一帝国君主仍有崇高的敬意。

要欣赏有关拿破仑一世事迹的艺术创作，可以去看凯旋门东南和西北两个立面上的雕塑，这些雕塑都是著名艺术家的作品。面向香榭丽舍大道，有两座雕塑，一座是《出征1792》(Le Départ de 1792)，又名《马赛进行曲》(La Marseillaise)，作者是拿破仑一世的忠实支持者弗朗索瓦·吕德（François Rude）。雕塑描绘了1792年法国大革命期间，革命军向奥地利宣战，象征自由、正义的女神呼吁群众自愿参与反专制政权和对抗入侵者的战斗。另一座是《凯旋1810》(Le Triomphe de 1810)，作者是当时知名的新古典主义雕塑家尚·科尔托（Jean Pierre Cortot），是为纪念1809年在对抗第五次反法同盟战争中，于维也纳签下《申布伦条约》(Traité de Schönbrunn) 而作的，雕塑描绘了拿破仑一世在天使报佳音的旋律下，被戴上桂冠的情景。面向军团大街（Avenue de la Grande-Armée）的是《抵抗1814》(La Résistance de 1814)，作者是安托

▶ 以拱顶技术修建的上层空间

▶ 《出征1792》

▶ 《凯旋1810》

▶ 《抵抗1814》

▶ 《和平1815》

万·艾戴克斯（Antoine Étex），是为了纪念1814年法国在对抗第六次反法同盟战役中战败，巴黎被占领，拿破仑第一次被放逐而创作的。雕塑表现了一位裸体的年轻战士，左手握拳，右手持剑，决心保卫家园的模样，虽然有危险的暗示与他父亲和妻子的极力阻拦，也没能阻止他。另一座雕塑《和平1815》（La Paix de 1815）也是安托万·艾戴克斯的作品。表现了法国在滑铁卢战役失败后，于1815年被迫签订第二次《巴黎条约》（Traité de Paris de 1815），拿破仑一世第二次被放逐，法国再一次割地赔款，法国人民无论男女老幼，脸上都流露出无可奈何、愁眉苦脸的神态。

此外，凯旋门的地窖是在各次战役中牺牲的无名军人墓冢。地面上为军人们雕刻着墓志铭，还设置了长期点燃的"永恒之火"，供人们吊唁。

▶ 墓志铭和"永恒之火"

巴黎歌剧院：无远弗届的艺术创作

（Opéra de Paris，1861—1875年）

巴黎

位于巴黎第八区的巴黎歌剧院，法国人多称之为卡尼尔宫（Palais Garnier）——为纪念它的创作者建筑师查理·卡尼尔（Charles Garnier）。旧剧院的位置距现址不远，于路易十四时期兴建。拿破仑三世曾在旧剧院进口处被刺杀，后决定以公开设计比赛的方式征集安全系数更高的新剧院方案。在170个参赛作品中，卡尼尔的脱颖而出，裁判团一致认为他的方案设计简单、清晰、明确、美丽、豪华，三独立进口和观赏席的布局符合安全的要求。新歌剧院约11,000平方米的建筑面积全以钢铁框架架构，可谓史无前例的尝试。

卡尼尔曾获罗马奖学金到罗马的法国艺术学院深造，也曾公费到希腊游学，古罗马和古希腊建筑文化都反映在他的作品中。巴黎歌剧院的成功让他入选法国美术学院的名人堂。

巴黎歌剧院的艺术表现别具一格，集古希腊、古罗马，以至意大利文艺复兴各时期风格之大成，难以用历史上的任何建筑风格来简单概括，连卡尼尔自己也说不出来。一次，拿破仑三世的妻子欧仁妮皇后（Eugénie de Montijo）问及时，他也只能支支吾吾地回答："拿破仑三世时期的建筑风格，不是吗？"

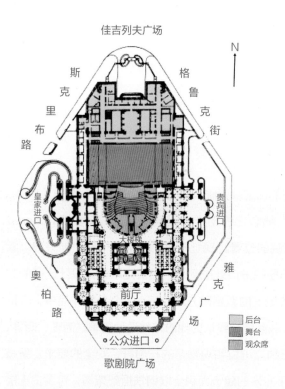

佳吉列夫广场

N

斯克里布路

格鲁克街

皇家进口

贵宾进口

奥柏路

雅克广场

大楼梯

前厅

公众进口

歌剧院广场

后台
舞台
观众席

▶ 歌剧院平面示意图

巴黎歌剧院的风格也被建筑史学家称为拿破仑三世时期的法国美术学院风格（或布杂艺术风格），特色是在工整、平衡、对称、严谨的平面布局中以各式各样的建筑构件和艺术品，自由奔放、不拘一格地按设计者的想法来装饰不同的立面。

歌剧院坐南向北，面向歌剧院广场（Place de l'Opéra）的是主立面。主立面纵向分为三部分，两侧稍突出者分别为编舞者门楼（Pavillon de Chorégraphie）和诗人门楼（Pavillon de Poésie Lyrique），是公众的主要进口，门楼基座分别以古希腊神祇装饰。面向门楼，由左

▶ 南立面的诗神雕饰

▶ 西立面

▶ 西立面门楼的少女雕塑

▶ 厄瑞克透斯神庙南门廊

至右是诗神（Poésie）、掌管乐器的女神（Musique instrumentale）、舞神（Danse）和戏剧神（Drame lyrique）。中段是主层游廊部分，双柱式加上小间柱明显是模仿著名的前巴洛克建筑师帕拉第奥（Andrea Palladio）的设计手法。弧形楣顶是意大利文艺复兴复古期的特色，楣顶内的浮雕相信是取材于米开朗基罗在意大利佛罗伦萨圣洛伦佐大教堂（Basilique San Lorenzo）的美第奇圣殿（Chapelles des Médicis）火炉上的雕塑。门楼顶上分别以古希腊神话"和谐"（Harmonie）和"诗神"的镀金铜雕装饰。

主立面横向也分为台基、主体和屋顶三个层次。台基由柱墩构成，用以音乐为主题的雕像装饰，柱墩背后是剧院的前厅。主层仍采用与门楼相同的设计，小间柱承托着欧洲著名的作曲家和戏剧家，如贝多芬、莫扎特、罗西尼等的雕像，背后是游廊。屋顶主楣仍是用音乐和戏剧题材的浮雕来装饰的，楣顶的镀金部分则属于法国17世纪以来独创的洛可可装饰手法，穹隆顶上的是太阳神阿波罗（Apollon）的雕像。

面向斯克里布路（Rue Scribe）和奥柏路（Rue Auber）交界处的西立面前庭是皇室人员进出剧院的必经之路。皇帝门楼（Pavillon de l'Empereur）稍向前突出，门厅采用了古罗马圆厅（rotunda）样式：侧进口，车辆可直接由两旁的弧形坡道驶进门厅内，这样能保障皇室人员的安全。入口位置竖立着两座方尖碑形式的柱子，柱顶的飞鹰雕塑是皇家的标志，两柱之间的是卡尼尔的塑像。这些都属于意大利文艺复兴高峰期巴洛克风格的设计手法。特别值得一提的是进

▶ 从东南角看东立面

口两旁的少女雕塑，她们身着柔软的希腊袍服，毫不费力似的用头和单手便将沉重的阳台托了起来。这一雕塑的灵感应该来自公元前六百多年古希腊卫城厄瑞克透斯神庙（Érechthéion）南门廊的少女雕塑。

面向雅克广场（Place Jacques-Rouché）和格鲁克街（Rue Gluck）交会点的是歌剧院的东立面，建筑风格大致和西立面的相同。贵宾门楼（Pavillon des Abonnés）的装饰比较简单，没有隐蔽的进口，贵宾要在前庭下车步入剧院。进口两旁没有了少女像，取而代之的是围绕着前庭的少女灯柱，这些少女灯柱都是值得欣赏的艺术装饰品。

此外，室内装饰更是千姿百态，金碧辉煌。歌剧院里的艺术品琳琅满目，融合了巴洛克风和洛可可风，让人目不暇接。这代表了法国这一时期建筑文化的特色。

巴黎歌剧院被公认为世界最美和最豪华的歌剧院，与巴黎圣母院、卢浮宫和圣心大教堂等同为巴黎的建筑文化象征。

◀ 东立面的少女灯柱

▶ 歌剧院前厅

▶ 大楼梯

▶ 剧场

圣心大教堂：国家新气象、仁爱之心的象征，宗教融合的标记

（Basilique du Sacré-Cœur，1875—1914年）

巴黎

圣心大教堂矗立于巴黎蒙马特山丘顶上，只有一百多年的历史，却和有三百多年历史的卢浮宫、九百多年历史的巴黎圣母院同被认为是巴黎最重要的历史文物，也同样被联合国教科文组织列入《世界遗产名录》。"圣心"是指基督教可以容纳不同信仰、理想、价值观的仁爱之心，大教堂的设计和建设在法国近代史上有重大的历史文化意义。

自拿破仑三世解散第二共和国、恢复帝制后，积极排除异己，同时为实现理想，努力把巴黎打造成欧洲最美丽的城市。现在看到的城区里的许多建筑都是在第二帝国时期兴建的。这样劳民伤财的大规模建设，受到不少人反对，连他最忠实的支持者梯也尔（Adolphe Thiers）也不以为然。早在普法战争之前，梯也尔已和一些宗教（天主教）人士和建制的忠实支持者悄悄地成立了第三共和国，在第二帝国彻底战败后，巴黎沦陷，新政权迅速崛起。同时期，一群激进的工人在一些社会活动家的号召下，成立了巴黎公社，建立了国民警卫军，盘踞在巴黎一带，一方面继续对抗普鲁士入侵者，另一方面拒绝第三共和国的领导，国家面临分裂。第三共和国新政权于1871年与普鲁士签订休战协议，但被公社坚决拒绝，双方斗争日趋激烈。最终，共和国军攻入巴黎，公社武装力量彻底被击溃。同年5

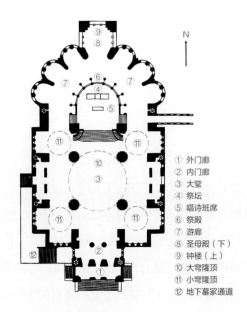

① 外门廊
② 内门廊
③ 大堂
④ 祭坛
⑤ 唱诗班席
⑥ 祭殿
⑦ 游廊
⑧ 圣母殿（下）
⑨ 钟楼（上）
⑩ 大穹隆顶
⑪ 小穹隆顶
⑫ 地下墓室通道

▶ 大教堂平面示意图

月21日，发生了历史上著名的"五月流血周"（Semaine sanglante）大屠杀。

其实，第三共和国认为国家在军事上的失利和社会分裂都是拿破仑三世好大喜功，在管治政策上倒行逆施的恶果，要重整社会秩序和道德标准，需要以宗教慈爱之心来化解宗教和非宗教人士的矛盾。圣心大教堂便是在这个背景下兴建的。修建这座教堂的意义在于表现国家的新气象，悼念战争中的受害者。教堂于1875年动工，1914年完成。教堂由建筑师阿巴迪（Paul Abadie）设计，选用了拜占庭建筑风格。较早前，他以同样的建筑风格重建了佩里格的圣夫龙主教座堂（Cathédrale Saint-Front），阿巴迪对拜占庭宗教建筑的政治和文化意义理解深刻。

▶ 拜占庭风与罗马风混合的建筑构件

拜占庭位于地中海和黑海之间，欧洲大陆与西亚的交会点上，自罗马帝国东西分裂，东罗马帝国皇帝君士坦丁（Constantin）定都于此后，改称君士坦丁堡，即今天土耳其的伊斯坦布尔。史学家所说的拜占庭帝国，实际上是西罗马帝国没落后，东罗马帝国持续发展的政治实体。东罗马帝国为了巩固政权，恢复罗马帝国的光辉，实施开放政策，鼓励知识分子参与国家建设。所以拜占庭建筑风格一词，其实是具有宗教共融、多元文化交融的象征意义的。此外，早于11世纪，威尼斯共和国的圣马可大教堂也采用了同样的建筑风格来表达它的政治、文化、信念。因此，第三共和国选择了阿巴迪的方案，是认同他的方案可以表达基督教的仁爱之心，表现国家的新气象，可以为社会带来新的动力。（拜占庭建筑风格形成的历史因素参看《欧游看建筑》）

造型方面，从远处看，多元的穹隆顶毫无疑问是拜占庭建筑的特色，但走近看，那高耸在大教堂上空的钟楼和在主体建筑上的窗洞、门洞与极少许的雕塑装饰则明显是罗马风建筑的标志性构件。走进大教堂会发觉，从进口到主殿，典型的拜占庭风格的希腊十字布局被加上了罗马风的半圆圣殿。因此，也有建筑史学者认为圣心大教堂的建筑风格实际上是混合了拜占庭风和罗马风。

色彩方面，设计强调简朴，整幢建筑以塞纳-马恩省出产的白色石头建造，这种石块的特点是能够在各种天气变化和空气污染下长期保持它本来的色泽。

▶ 正立面上的路易九世雕像，远处为圣女贞德雕像

装饰方面刻意避免了昔日奢侈华丽的风尚，除大教堂上空以耶稣圣心为主题的马赛克画像外，其他奢华的装饰甚少。此外，教堂内艺术作品的重心不再是宣传宗教，而是落脚于对民族英雄和其事迹的认同与宣扬。可以说，圣心大教堂的建筑理念标志着法国在历史文化上的一个划时代的转变。

▶ 大教堂上空拜占庭风格的耶稣马赛克画像

埃菲尔铁塔：机会是留给有准备的人的

（La Tour Eiffel，1887—1889年）

巴黎

埃菲尔铁塔当初受到许多法国人的讨厌，巴黎市民不同意它的修建，一些著名学者、专家、画家、雕塑家等以丑陋、怪物、野蛮、反艺术、与环境不协调、没有实际用途、技术上不可能等词句来形容它。但为什么能够建成功，现在又被公认为钢铁技术与艺术的精华、法国的建筑符号、巴黎的象征呢？答案就在铁塔由开始计划兴建、设计、施工到维护所经历的风风雨雨之中。

铁塔于1884年开始设计，1887年动工，1889年完成，是为了纪念法国大革命100周年举办的世界博览会而兴建。当时是欧洲工业革命的高峰期，博览会也是各国显示其工业技术成果的舞台。这一时期，法国在钢铁技术上领先于其他地区，希望通过建筑设计来彰显这方面的成就也是合情合理的。同时，一个新的、被称为"新艺术"的艺术理念，正在法国、奥地利和比利时的一些青年艺术家之间崛起。新艺术认为古典艺术是宗教和王朝专政的产品，真正的艺术应该师法自然，以流动的曲线代替直线，以自然界的意象取代人工的形象。柔韧性和可塑性兼备的钢铁正是在建筑领域诠释这种创作理念的最佳材料。正是这两大背景因素催生了埃菲尔铁塔。

计划中的博览会占地960,000平方米，主场馆范围包括了战神广

▶ 方尖碑是埃及神庙进口门塔前的标志

场（Champ-de-Mars）、特罗卡德罗宫（Palais du Trocadéro），即现在的夏乐宫（Palais de Chaillot）以及部分塞纳–马恩河和奥赛码头（Quai d'Orsay）地区。当知道政府有意举办1889年的博览会后，作为本土工程师、钢铁结构专家以及化学工程师的埃菲尔便意识到，这场大规模的国际盛事需要有一个表达大会主题的标志性建筑。于是他立即分派事务所的两位高级工程师柯克林（Maurice Koechlin）和努吉耶（Émile Nouguier），参考埃及神庙进口门塔（pylône）和1853年纽约万国博览会（Exposition universelle de 1853）时搭建的木结构观景台（Observatoire de Latting）的概念来设计一个以钢铁为材料、高300米的门塔。最早的方案是安装四支巨大的钢架柱子在正东、正西、正南和正北四个方位，在此基础上，柱身以双曲线向内倾斜，到柱顶处合而为一，其间以较小的横向钢架加固。埃菲尔对这个初始方案不太满意，请建筑师西尔伟斯特（Stephen Sauvestre）修改，后者在钢架结构底部加上了装饰拱顶、玻璃平台，给塔身也添加了少许装饰，使新方案更具艺术表现力。新方案获埃菲尔支持后，以事务所的名义在同年举办的装饰艺术展览会（Exposition d'Art décoratif，1884）上展出。翌年，埃菲尔在土木工程师协会（Société des Ingénieurs civils）上介绍这个方案时说："这一设计方案不仅是工程上的艺术创作，还是法国感谢几百年来在工业革命和科学领域里取得的成就的创作。"

虽然如此，之后社会各方面对方案没有多大响应，直至格雷维（Jules Grévy）于1886年再次被选为法兰西第三共和国总统。格雷维当选后，积极推动博览会计划，还从国会争取到了一份600万法郎的预算，他委任劳克莱（Édouard Lockroy）为贸易大臣，负责博览会的筹办工作。同年5月1日，劳克莱以埃菲尔的方案为蓝本，公开征求其他设计，设计方案必须于12天内完成。同时，成立了一个由当时名噪一时的巴黎歌剧院建筑师卡尔尼领导的裁判团。5月12日，裁判团审核了所有的参赛方案，最终一致裁定除埃菲尔的方案外，其他所有的方案都不符合设计、建造的要求，最终埃菲尔顺利地以私人的名义获得了修建铁塔的合约。

铁塔建造期间，巴黎的反对声音仍然不绝，建筑师、雕塑家和艺术家们组成了一个以卡尼尔为首的300人反对组织，要求政府改变或停建这个被认为破坏了传统和环境的庞然大物。但政府却不以为然，认为项目已经过详细考察，且工程在进行中，时间紧迫，现在反对没有意义。之后，埃菲尔表示，他不担心这些反对声音，因为方案评审时，卡尔尼并没有说出任何反对意见。

铁塔完成后，许多巴黎市民都改变了他们的看法，但仍然有不少人保留着他们原来的想法，如著名诗人、小说家莫泊桑（Guy de Maupassant）对人说："我每天到铁塔餐厅吃午饭的原因是，只有在那里才看不到这丑陋的东西。"

究竟谁对谁错？埃菲尔铁塔的建造过程也许应验了西方的这句谚语："机会永远是留给有准备的人的。"

小统计

塔高：原300米，现324米

重量：10,100吨

嵌件：18,000件

铆钉：2,500,000枚

油漆：约60吨

建造时间：785天

建造费：1.5万法郎（不到预算的四分之一）

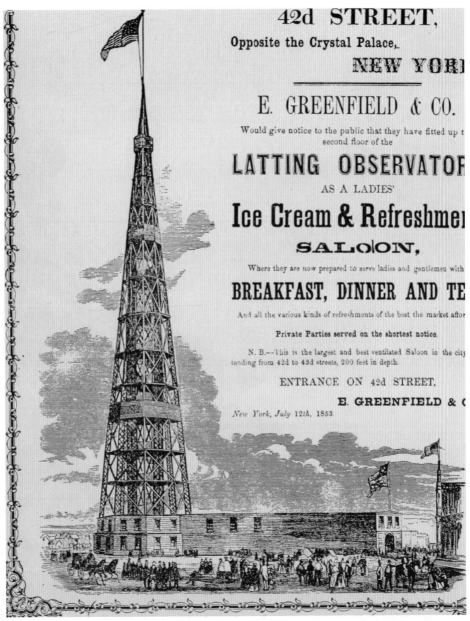

▶ 1853年纽约博览会的木结构观景台

▶ 被新艺术理念美化了的铁塔，使人觉得轻盈而纤巧

大皇宫、小皇宫、亚历山大三世桥: 法国美术学院与罗马奖学金的成果

（Grand Palais，Petit Palais，Pont Alexandre III，1897—1900年）

巴黎

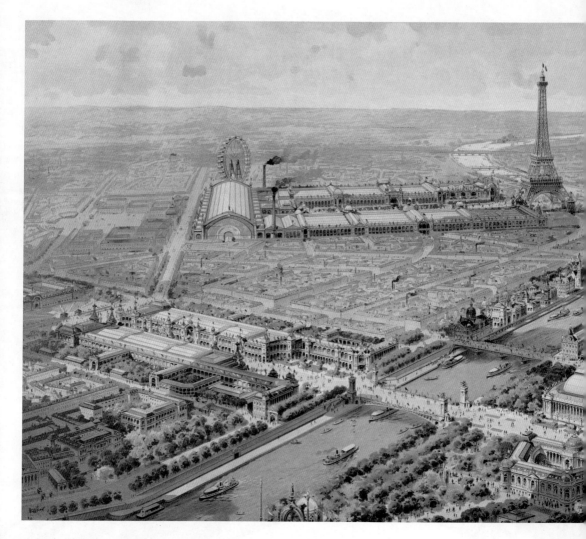

看过卢浮宫、歌剧院、埃菲尔铁塔后，若想更清楚地认识18至20世纪在西方建筑史上十分重要的法国美术学院艺术风格——布杂艺术风格，到第八区塞纳-马恩河畔的大皇宫、小皇宫和那横跨河上的亚历山大三世桥参观，无疑是最佳的选择。这一建筑群被认为是布杂艺术高峰期的创作，也被喻为法国美好年代（Belle Époque）风格的作品。

19世纪末至"一战"前是法国的黄金岁月，建筑创作、艺术风尚、科学技术等各方面都领先于欧洲其他国家，政治地位在国际上也举足轻重。为了彰显国家的成就，执政的第三共和国积极主办1900年的世界博览会，计划建设一些新的场馆。1894年，政府举办了公开设计比赛征求方案。比赛要求设计一组建筑，用于连接塞纳-马恩河南岸的退伍军人疗养院地区和北岸的香榭丽舍大道，并且不会遮挡任何沿路的景致。

结果，方案各有优缺点，没有一个能够完全满足评审团的要求，最终评审团采纳了吉罗（Charles Girault）提供的大、小皇宫的规划方案。建筑设计则集各方之长，把大皇宫的"工"字形布局分为三个部分。面向现丘吉尔大道（Avenue Winston Churchill）的综

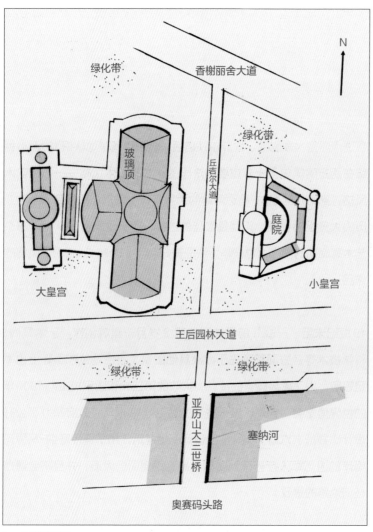

绿化带

香榭丽舍大道

N

绿化带

玻璃顶

丘吉尔大道

庭院

大皇宫

小皇宫

王后园林大道

绿化带

绿化带

亚历山大三世桥

塞纳河

奥赛码头路

▶ 平面示意图

合展览大厅，进口设在艾森豪威尔将军大道（Avenue du Général-Eisenhower）中部的包括贵宾休息厅的国家展厅，和立面面向罗斯福大道（Avenue Franklin -D.- Roosevelt）的科学厅，三者的设计工作分别由建筑师杜根（Henri Deglane）、卢韦（Louis-Albert Louvet）和托马斯（Albert Thomas）负责，吉罗承担项目的统筹工作。小皇宫则由吉罗全权负责。杜根和卢韦是法国美术学院的毕业生，吉罗和托马斯则毕业于该学院的前身——法兰西艺术学院，四人都曾获罗马奖学金到意大利深造，吉罗更是获得金奖。可以说他们都是该学院的精英，布杂艺术风格的代表人物。

大皇宫

20世纪以后，大皇宫就被建筑界视为古典与现代、传统与创新的完美融合之作。整幢建筑采用古希腊的爱奥尼亚柱式，不同立面分别按需要以不同的柱制处理，也用不同的雕塑装饰。大皇宫的装饰十分简洁，建筑构件在比例上强调空间效果，同巴洛克建筑风格常用的手法相似，因此，大皇宫的建筑风格被视为是简约了的新巴洛克风，或称法国巴洛克建筑风格。

钢铁和玻璃顶的组合使室内各部分的空间宽敞、充满自然光线。所有钢铁构件都采用了当时流行的新艺术设计手法，特别是通往半空游廊的楼梯，是体现这个艺术理念与建筑设计完美融合的代表作。

▶ 大皇宫正立面

▶ 大皇宫主门楼右边的艺术保护女神雕塑

▶ 大皇宫主门楼左边的和平女神雕塑

▶ 大皇宫左翼门楼顶上象征永垂不朽的铜塑四马双轮战车

▶ 大皇宫右翼门楼顶上象征和谐万岁的铜塑四马双轮战车

▶ 大皇宫室内的玻璃顶

▶ 通往半空游廊的楼梯

▶ 小皇宫正立面

▶ 小皇宫主进口门楼

在原计划中，大皇宫是临时的展馆，由于设计深受欢迎，在巴黎市民的要求下得以保留，现在是巴黎一个主要的举办展览的场所。

小皇宫

隔着丘吉尔大道，与大皇宫相对的是小皇宫，它在外表上有着和大皇宫相似的建筑元素。主立面中央的进口门楼是整幢建筑物的焦点，宗教建筑传统的嵌入式门庭和古代军士头盔似的穹顶创意令人耳目一新。拱内装饰丰富，门洞顶上的壁刻象征着巴黎是受仙女保护的城市。

小皇宫平面成梯形，四周是展厅，中央是以巴洛克风格柱廊围绕的半圆形露天庭院。更值得一提的是那些用钢筋混凝土浇筑的、新艺术风格的室内旋转楼梯。那时候，钢筋混凝土技术尚在实验阶段，相信这些楼梯是最早成功的实验品。

亚历山大三世桥

毋庸置疑，亚历山大三世桥是巴黎最美丽、装饰最丰富的桥梁。为了纪念法国与俄罗斯军事结盟，桥梁以沙皇亚历山大三世命名。设计由建筑师伯纳德（Joseph Cassien-Bernard）、工程师里塞（Jean Résal）和埃伯塔（Amédée Alby）组成的团队负责。伯纳德毕业于法国美术学院里昂分校，所以运用了不拘一格、古典中充

▶ 小皇宫的半圆形露天庭院

▶ 新艺术风格的钢筋混凝土楼梯

▶ 横跨塞纳-马恩河的亚历山大三世桥

▶ 亚历山大三世桥南岸表彰法俄盟军战争功绩的柱子

▶ 亚历山大三世桥上象征法俄友谊永固的雕塑和新艺术风格的灯柱

满现代感的布杂艺术手法设计桥的造型。里塞和埃伯塔是法国理工学院的毕业生，钢结构专家，所以整座桥梁采用了预制构件在实地组装的建造方法，是继埃菲尔铁塔之后又一项建筑艺术与钢结构技术完美结合的建筑工程。

桥的两端，四匹镀金的古希腊神话中的飞马（Pégase）被安放在17米高的柱墩上作为装饰，北岸的为表彰两国在科学与艺术上的成就，南岸的则为表彰法俄盟军在战争中的功绩。两旁的灯柱属于新艺术的设计风格，中央的铜塑、浮雕是塞纳-马恩河女神和俄罗斯涅瓦河女神（Nymphes de la Neva），她们伸出友谊之手，象征着法俄之间友谊永固。

蓬皮杜中心：高科技建筑风格的拓荒者

（Centre Georges-Pompidou，1971—1977年）

巴黎

于20世纪70年代建成的蓬皮杜中心，历史并不悠久，为什么会成为巴黎的新地标、热门旅游景点、艺术家的温床，每年吸引无数来自世界各地的旅客到访呢？因为它在近代建筑史上的地位十分重要。

放眼望去，从香港的汇丰银行大楼到北京的中央电视台总部，从纽约的《纽约时报》大楼到伦敦那既像复活蛋又像小黄瓜的瑞士再保险公司大楼，以至数不胜数、分布于全球各地的高科技建筑，无不直接或间接地受到蓬皮杜中心建筑理念和艺术风格的影响。

继新艺术后，同样是在反传统思想的背景下，艺术理念百花齐放（统称为现代艺术）。其中较具影响力的有：以平面来描绘立体、空间、物体的立体主义（Cubisme），以简单横、竖线和色彩去表达的风格派（De Stijl），以夸张手法来表现作品内涵的表现主义（Expressionnisme）和拼合不同图像来表达主题的达达主义（Dadaïsme）。从蓬皮杜中心的造型和艺术手法中，不难看出受到过这些艺术理念的影响。

▶ 高科技建筑风格的香港汇丰银行大楼

▶ 北京的中央电视台总部

▶ 美国《纽约时报》大楼

▶ 英国伦敦的瑞士再保险公司大楼

▶ 立体主义艺术风格示意图

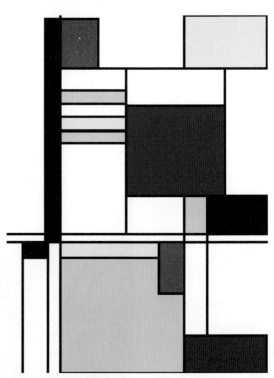

▶ 风格派艺术风格示意图

▶ 表现主义艺术风格示意图

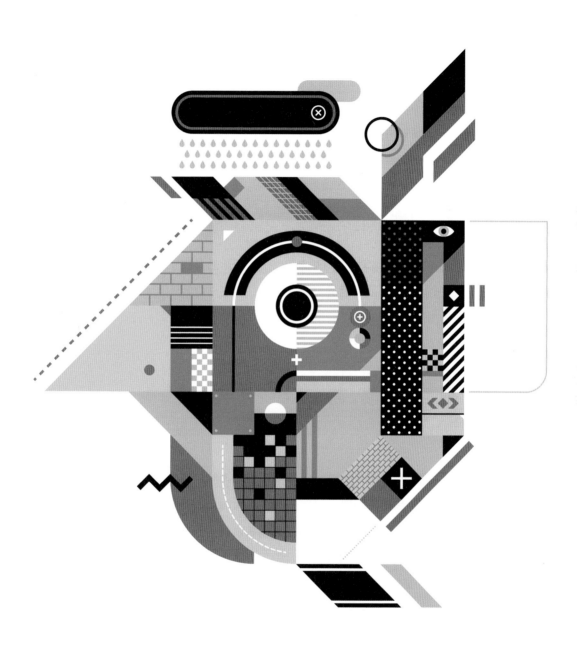

▶ 达达主义拼合式艺术风格示意图

建筑方面也同样采用反传统的手法。首先，砖、瓦、木、石，甚至钢筋、水泥都没有了，取而代之的是预制的、可拼合的、工业生产的建筑构件。其次，大量使用可随意拆卸和重新组装的墙板，使空间灵活多变以满足多功能的使用要求。再次，建筑结构、所有机电设施和管道都被视为艺术元素，暴露在建筑框架之中；还强调工业技术生产之特性——准确、细致、明确和流畅表现出来的机械美等。

20世纪60年代，现代艺术发展得如火如荼之际，法兰西第五共和国的第二任总统蓬皮杜在"二战"后成立了文化部，委任马尔罗（André Malraux）为首任文化部部长，后者是当时社会要求文化艺术脱离政治、宗教传统的支持者。到任后，马尔罗将前总统戴高乐计划兴建的图书馆大楼改建为一座将现代化的艺术与生活结合在一起的综合性大楼，命名为蓬皮杜中心。目的是创风气之先，将其打造为欧洲艺术文化中心。

建筑方案招标首次采用国际比赛的方式，评审团由当时国际知名的建筑师和艺术家组成，包括巴西现代主义（Modernisme）大师尼迈耶（Oscar Niemeyer）、擅长工业生产的法国著名建筑师普鲁威（Jean Prouvé）等。在681个参赛作品中，由英国建筑师罗杰斯（Richard Rogers）、意大利的皮亚诺（Renzo Piano）和美国的建筑评论家奥浩索夫（Nicolai Ouroussoff）组成的国际团队的方案脱颖而出。评审团一致认为他们的方案彻底颠覆了传统建筑文化，能为巴黎创造一个新的文化心脏，为世界创造一个革命性的建筑标杆。

到蓬皮杜中心去，会发现这个与邻近建筑格格不入、与环境极不协调的庞然大物，其实是糅合了各种现代艺术的理念，用现代工业技术创造出来的成果，也可以说是一本现代艺术和建筑科技拼合的辞典。难怪每年都有成千上万来自世界各地的建筑师、工程师、艺术家以及游客，抱着朝圣的心情来观摩这个被认为是高科技先驱的作品。

▶ 机电设施、管道、建筑构件等都被视为艺术拼合的元素

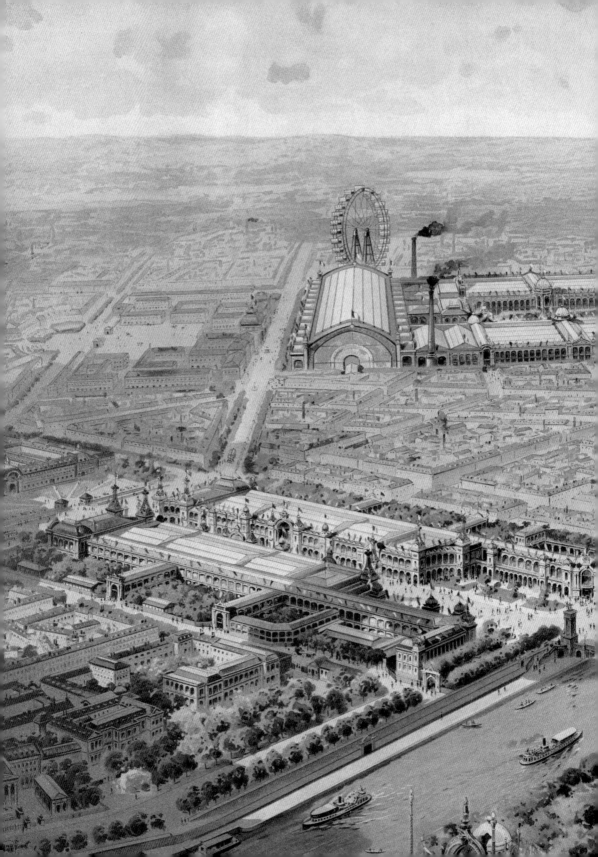

附录
Annexe

法国王朝年表

"法兰西"或"法国"（France）的名称来自日耳曼人的部落之一——法兰克人。关于"法国"或"法兰西"作为国家的概念从何时开始算起，历来存在着许多争论。其中对于法国开始时间最早的说法是从公元486年法兰克王国墨洛温王朝国王克洛维一世击败西罗马帝国的高卢人算起。

墨洛温王朝（Dynastie mérovingienne）（481—751）		
君主	血缘	统治时期
克洛维一世 （Clovis Ier）	希尔德里克一世之子 [481—509年萨利昂法兰克王国（Francs saliens）国王，其后合并邻近的法兰克人部族，于509年成为法兰克人之王。法兰克王国和墨洛温王朝奠基人。死后，领地分给四个儿子]	481—511
提乌德里克一世 （Thiodoric Ier）	克洛维一世长子 [梅斯（Metz）及奥尔良（Orléans）国王]	511—534
克罗多米尔 （Clodomir）	克洛维一世次子 （奥尔良国王，死后领土归属提乌德里克一世）	511—524
希尔德贝尔特一世 （Childebert Ier）	克洛维一世三子 （巴黎国王）	511—558
克洛泰尔一世 （Clotaire Ier）	克洛维一世幼子 [原为苏瓦松（Soissons）国王，先后吞并三位亡兄领土及整个勃艮第王国（Duché de Bourgogne），成为第二位统一法兰克王国的国王。可惜死后，领土再次被儿子们瓜分]	511—561
提乌德贝尔特一世 （Théodebert Ier）	提乌德里克一世之子	533—548
提乌德鲍德 （Théobald）	提乌德贝尔特一世之子	535—555

续表

查理贝尔特一世 （Caribert Ier）	克洛泰尔一世长子 （巴黎国王）	561—567
希尔佩里克一世 （Chilpéric Ier）	克洛泰尔一世次子 [纽斯特里亚（Neustrie）国王，于查理贝尔 特一世死后吞并巴黎王国，567年成为 巴黎国王]	561—584
贡特朗 （Gontran）	克洛泰尔一世三子 （勃艮第国王）	561-592
西吉贝尔特一世 （Sigebert Ier）	克洛泰尔一世幼子 [奥斯特拉西亚（Austrasie）国王]	561—575
希尔德贝尔特二世 （Childebert II）	西吉贝尔特一世之子 （奥斯特拉西亚国王，于贡特朗死后合并 勃艮第王国）	575—595
提乌德贝尔特二世 （Théodebert II）	希尔德贝尔特二世长子 （奥斯特拉西亚国王）	595—612
提乌德里克二世 （Thiodoric II）	希尔德贝尔特二世次子 （勃艮第国王，于提乌德贝尔特二世死后， 合并奥斯特拉西亚王国）	595—613
西吉贝尔特二世 （Sigebert II）	提乌德里克二世之子 （勃艮第及奥斯特拉西亚国王）	613
克洛泰尔二世 （Clotaire II）	希尔佩里克一世之子 （幼年继承王位，并于613年埃纳之战再次 统一法兰克王国）	584—629
达戈贝尔特一世 （Dagobert Ier）	克洛泰尔二世长子 （法兰克人之王）	623—639
查理贝尔特二世 （Caribert II）	克洛泰尔二世次子 （阿基坦国王）	629—632
西吉贝尔特三世 （Sigebert III）	达戈贝尔特一世长子 （奥斯特拉西亚国王）	634—656
克洛维二世 （Clovis II）	达戈贝尔特一世次子 （纽斯特里亚和勃艮第国王）	639—657
希尔德贝尔特三世 （Childebert III）	西吉贝尔特三世养子 （奥斯特拉西亚国王）	656—661

续表

克洛泰尔三世 （Clotaire III）	克洛维二世长子 （纽斯特里亚和勃艮第国王）	657—673
希尔德里克二世 （Childéric II）	克洛维二世次子 （奥斯特拉西亚国王，克洛泰尔三世死后， 兼任纽斯特里亚和勃艮第国王， 成为法兰克国王）	662—675
克洛维三世 （Clovis III）	克洛泰尔三世之子 （奥斯特拉西亚国王）	675—676
达戈贝尔特二世 （Dagobert II）	西吉贝尔特三世之子 （奥斯特拉西亚国王，曾一度因剃度失去 继承王位的资格）	676—679
提乌德里克三世 （Thiodoric III）	克洛维二世幼子 （675年起为纽斯特里亚和勃艮第王， 679年兼任奥斯特拉西亚国王 后成为法兰克国王）	675—691
克洛维四世 （Clovis IV）	提乌德里克三世长子 （法兰克国王）	691—695
希尔德贝尔特四世 （Childebert IV）	提乌德里克三世次子 （法兰克国王）	695—711
达戈贝尔特三世 （Dagobert III）	希尔德贝尔特四世之子 （法兰克国王）	711—715
希尔佩里克二世 （Chilpéric II）	希尔德里克二世之子 （原为纽斯特里亚和勃艮第的国王， 719年成为法兰克国王）	715—721
提乌德里克四世 （Thiodoric IV）	达戈贝尔特三世之子 （法兰克国王）	721—737
查理·马特 （Charles Martel）	法兰克王国的宫相及摄政 （实际掌权者）	714—741
希尔德里克三世 （Childéric III）	希尔佩里克二世之子 （于743年被宫相卡洛曼和丕平三世立为法 兰克国王，但没有实权，于751年被废）	743—751
加洛林王朝（Dynastie carolingienne）（751—888）		
丕平三世 （Pépin III）	查理·马特之子	751—768

续表

查理曼大帝 （Charlemagne）	丕平三世长子 （丕平死后，国家分裂，查理曼大帝在努瓦之即位，其后合并卡洛曼领土）	768—814
卡洛曼一世 （Carloman Iᵉʳ）	丕平三世次子 （在苏瓦松即位，死后，领土被查理曼合并）	768—771
路易一世 （Louis Iᵉʳ）	查理曼之子	814—840
洛泰尔一世 （Lothaire Iᵉʳ）	路易一世长子 （管治法国中部）	840—855
路易二世 （Louis II）	路易一世次子 （管治法国东部，洛泰尔一世死后，兼并中部）	843—876
查理二世 （Charles II）	路易一世幼子 （管治法国西部）	840—877
卡洛曼二世 （Carloman II）	路易二世长子 （于876及877年先后继承路易二世和查理二世之位）	876—879
路易三世 （Louis III）	路易二世次子	879—882
查理三世 （Charles III）	路易二世幼子	882—888
罗贝坦王朝（Dynastie robertienne）（888—898）		
厄德伯爵 （Eudes de Paris）	法兰克贵族罗贝坦王朝成员， 巴黎伯爵罗贝尔长子	888—898
加洛林王朝首次复辟（898—922）		
查理三世 （Charles III）	路易二世的遗腹子	898—922
罗贝坦王朝复辟（922—923）		
罗贝尔一世 （Robert Iᵉʳ）	厄德的弟弟	922—923
博索尼德王朝（Dynastie Bosonide）（923—936）		
拉乌尔 （Raoul）	罗贝尔一世的女婿	923—936

续表

加洛林王朝二次复辟（936—987）		
路易四世 （Louis IV）	查理三世之子	936—954
洛泰尔 （Lothaire）	路易四世之子	954—986
路易五世 （Louis V）	洛泰尔之子	986—987
卡佩王朝（Dynastie capétienne）（987—1328）		
于格·卡佩 （Hugues Capet）	罗贝尔一世之孙	987—996
罗贝尔二世 （Robert II）	于格·卡佩之子	996—1031
亨利一世 （Henri Ier）	罗贝尔二世之子	1031—1060
腓力一世 （Philippe Ier）	亨利一世之子	1060—1108
路易六世 （Louis VI）	腓力一世之子	1108—1137
路易七世 （Louis VII）	路易六世之子	1137—1180
腓力二世 （Philippe II）	路易七世之子	1180—1223
路易八世 （Louis VIII）	腓力二世之子	1223—1226
路易九世 （Saint Louis）	路易八世之子	1226—1270
腓力三世 （Philippe III）	路易九世之子	1270—1285
腓力四世 （Philippe IV）	腓力三世之子	1285—1314
路易十世 （Louis X）	腓力四世之子	1314—1316

续表

约翰一世 （Jean Ier）	路易十世之子	1316—1316
腓力五世 （Philippe V）	路易十世之弟	1316—1322
查理四世 （Charles IV）	路易十世和腓力五世之弟	1322—1328
瓦卢瓦王朝（Dynastie de Valois）（1328—1589）		
腓力六世 （Philippe VI）	腓力三世之孙	1328—1350
约翰二世 （Jean II）	腓力六世之子	1350—1364
查理五世 （Charles V）	约翰二世之子	1364—1380
查理六世 （Charles VI）	查理五世之子	1380—1422
查理七世 （Charles VII）	查理六世之子	1422—1461
路易十一 （Louis XI）	查理七世之子	1461—1483
查理八世 （Charles VIII）	路易十一之子	1483—1498
路易十二 （Louis XII）	查理五世之曾孙	1498—1515
弗朗索瓦一世 （François Ier）	查理五世之玄孙	1515—1547
亨利二世 （Henri II）	弗朗索瓦一世之子	1547—1559
弗朗索瓦二世 （François II）	亨利二世长子	1559—1560
查理九世 （Charles IX）	亨利二世次子	1560—1574
亨利三世 （Henri III）	亨利二世幼子	1574—1589

续表

波旁王朝（Dynastie de Bourbon）（1589—1792）		
亨利四世 （Henri IV）	亨利三世远亲，波旁家族 安托万·德·波旁之子	1589—1610
路易十三 （Louis XIII）	亨利四世之子	1610—1643
路易十四 （Louis XIV）	路易十三之子	1643—1715
路易十五 （Louis XV）	路易十四曾孙	1715—1774
路易十六 （Louis XVI）	路易十五之孙 法国大革命（1789—1799）	1774—1792
法兰西第一共和国（République française）（1792—1804）		
法兰西第一帝国（波拿巴王朝，Dynastie Bonaparte）（1804—1814）		
拿破仑一世 （Napoléon Iᵉʳ）	波拿巴家族卡洛·波拿巴之子	1804—1814
波旁王朝首次复辟（1814—1815）		
路易十八 （Louis XVIII）	路易十六的弟弟	1814—1815
法兰西第一帝国（波拿巴王朝）复辟（1815）		
拿破仑一世 （Napoléon Iᵉʳ）	卡洛·波拿巴之子	1815
波旁王朝二次复辟（1815—1830）		
路易十八 （Louis XVIII）	路易十六的弟弟	1815—1824
查理十世 （Charles X）	路易十六的弟弟	1824—1830
亨利五世 （Henri V）	查理十世之孙	1830
奥尔良王朝（七月王朝，Monarchie de Juillet）（1830—1848）		
路易·腓力一世 （Louis-Philippe Iᵉʳ）	路易十三的曾孙	1830—1848

续表

法兰西第二共和国（Deuxième République）（1848—1852）		
法兰西第二帝国（波拿巴王朝二次复辟）（1852—1870）		
拿破仑三世 （Napoléon III）	拿破仑一世之侄	1852—1870
国民防卫政府		1870—1871
法兰西第三共和国（Troisième République）（总统）（1871—1940）		
梯也尔 （Adolphe Thiers）		1871—1873
马真塔公爵 （Duc de Magenta）		1873—1879
儒勒·格雷维 （Jules Grévy）		1879—1887
萨迪·卡诺 （Sadi Carnot）		1887—1894
菲利·福尔 （Félix Faure）		1895—1899
埃米勒·卢贝 （Émile Loubet）		1899—1906
阿尔芒·法利埃 （Armand Fallières）		1906—1913
雷蒙·普恩加莱 （Raymond Poincaré）		1913—1920
亚历山大·米勒兰 （Alexandre Millerand）		1920—1924
加斯东·杜梅格 （Gaston Doumer）		1924—1931
保罗·杜美 （Paul Doumer）		1931—1932
阿尔贝·勒布仑 （Albert Lebrun）		1932—1940

续表

第二次世界大战（1940—1945）		
法兰西第四共和国（Quatrième République）（总统）（1946—1958）		
文森·欧里奥 （Vincent Auriol）		1947—1954
勒内·科提 （René Coty）		1954—1959
法兰西第五共和国（Cinquième République）（总统）（1959—至今）		
戴高乐 （Charles de Gaulle）		1959—1969
阿兰波厄 （Alain Poher）	（临时总统）	1969.4— 1969.6
蓬皮杜 （Georges Pompidou）		1969—1974
阿兰波厄 （Alain Poher）	（临时总统）	1974.4— 1974.5
德斯坦 （Valéry Giscard d'Estaing）		1974—1981
密特朗 （François Mitterrand）		1981—1995
希拉克 （Jacques Chirac）		1995—2007
萨科齐 （Nicolas Sarkozy）		2007—2012
奥朗德 （François Hollande）		2012—2017
马克龙 （Emmanuel Macron）		2017—至今

法国大区及下辖省名称

大区 （Régions）	省 （Départements）	法文	省编号	2016年 行政区划改革 后所属大区
勃艮第		Bourgogne		
	科多尔省	Côte-d'Or	21	
	涅夫勒省	Nièvre	58	
	索恩-卢瓦尔省	Saône-et-Loire	71	勃艮第-法兰琪-康堤大区
	约讷省	Yonne	89	（Bourgogne- Franche- Comté）
法兰琪-康堤		Franche-Comté		
	杜省	Doubs	25	
	汝拉省	Jura	39	
	上索恩省	Haute-Saône	70	
	贝尔福地区	Territoire de Belfort	90	
阿基坦		Aquitaine		
	多尔多涅省	Dordogne	24	
	吉伦特省	Gironde	33	
	朗德省	Landes	40	
	洛特-加龙省	Lot-et-Garonne	47	
	比利牛斯-大西洋省	Pyrénées-Atlantiques	64	
利穆赞		Limousin		新阿基坦大区
	科雷兹省	Corrèze	19	（Nouvelle- Aquitaine）
	克勒兹省	Creuse	23	
	上维埃纳省	Haute-Vienne	87	
普瓦图-夏朗德		Poitou-Charentes		
	夏朗德省	Charente	16	
	滨海夏朗德省	Charente-Maritime	17	
	德塞夫勒省	Deux-Sèvres	79	
	维埃纳省	Vienne	86	
下诺曼底		Basse-Normandie		诺曼底大区
	卡尔瓦多斯省	Calvados	14	（Normandie）
	芒什省	Manche	50	

续表

大区 （Régions）	省 （Départements）	法文	省编号	2016年 行政区划改革 后所属大区
	奥恩省	Orne	61	诺曼底大区 （Normandie）
上诺曼底		Haute-Normandie		
	厄尔省	Eure	27	
	滨海塞纳省	Seine-Maritime	76	
阿尔萨斯		Alsace		大东部大区 （Grand Est）
	下莱茵省	Bas-Rhin	67	
	上莱茵省	Haut-Rhin	68	
香槟阿登		Champagne- Ardenne		
	阿登省	Ardennes	08	
	奥布省	Aube	10	
	马恩省	Marne	51	
	上马恩省	Haute-Marne	52	
洛林		Lorraine		
	默尔特-摩塞尔省	Meurthe-et- Moselle	54	
	默兹省	Meuse	55	
	摩塞尔省	Moselle	57	
	佛日省	Vosges	88	
朗格多克-鲁 西永		Languedoc-Roussillon		奥克西塔尼大区 （Occitanie）
	奥德省	Aude	11	
	加尔省	Gard	30	
	埃罗省	Hérault	34	
	洛泽尔省	Lozère	48	
	东比利牛斯省	Pyrénées- Orientales	66	
南部-比利 牛斯		Midi-Pyrénées		
	阿列日省	Ariège	09	
	阿韦龙省	Aveyron	12	
	上加龙省	Haute-Garonne	31	

续表

大区 （Régions）	省 （Départements）	法文	省编号	2016年 行政区划改革 后所属大区
	热尔省	Gers	32	
	洛特省	Lot	46	
	上比利牛斯省	Hautes-Pyrénées	65	奥克西塔尼大区 （Occitanie）
	塔恩省	Tarn	81	
	塔恩-加龙省	Tarn-et-Garonne	82	
北部加来 海峡		Nord-Pas-de-Calais		
	诺尔省	Nord	59	上法兰西大区 （Hauts-de- France）
	加来海峡省	Pas-de-Calais	62	
皮卡第		Picardie		
	埃纳省	Aisne	02	
	瓦兹省	Oise	60	
	索姆省	Somme	80	
奥弗涅		Auvergne		
	阿列	Allier	03	
	康塔尔省	Cantal	15	
	上卢瓦尔省	Haute-Loire	43	
	多姆山省	Puy-de-Dôme	63	
罗讷阿尔 卑斯		Rhône-Alpes		奥弗涅-隆-阿 尔卑斯大区 （Auvergne- Rhône-Alpes）
	安河	Ain	01	
	阿尔代什省	Ardèche	07	
	德龙省	Drôme	26	
	伊泽尔省	Isère	38	
	卢瓦尔省	Loire	42	
	罗讷河省	Rhône	69	
	萨瓦省	Savoie	73	
	上萨瓦省	Haute-Savoie	74	
布列塔尼		Bretagne		布列塔尼大区 （Bretagne）
	阿摩尔滨海省	Côtes-d'Armor	22	
	菲尼斯泰尔省	Finistère	29	

续表

大区 （Régions）	省 （Départements）	法文	省编号	2016年 行政区划改革 后所属大区
	伊勒-维莱讷省	Ille et Vilaine	35	布列塔尼大区 （Bretagne）
	莫尔比昂省	Morbihan	56	
中央-卢瓦尔 河谷		Centre-Val de Loire		
	谢尔省	Cher	18	中央-卢瓦尔河 谷大区（Centre- Val de Loire）
	厄尔-卢瓦尔省	Eure-et-Loir	28	
	安德尔省	Indre	36	
	安德尔-卢瓦尔省	Indre-et-Loire	37	
	卢瓦尔-谢尔省	Loir-et-Cher	41	
	卢瓦雷省	Loiret	45	
科西嘉岛		Corse		科西嘉岛大区 （Corse）
法兰西岛		Île-de-France		
	巴黎	Paris	75	法兰西岛大区 （Île-de-France）
	上塞纳-马恩省	Hauts-de-Seine	92	
	塞纳-圣但尼省	Seine-Saint-Denis	93	
	马恩河谷省 （瓦勒德马恩省）	Val-de-Marne	94	
	塞纳-马恩省	Seine-et-Marne	77	
	伊夫林省	Yvelines	78	
	埃松省	Essonne	91	
	瓦勒德瓦兹省	Val-d'Oise	95	
卢瓦尔 河地区		Pays de la Loire		
	大西洋卢瓦尔省	Loire-Atlantique	44	卢瓦尔河地区 大区（Pays de la Loire）
	曼恩与卢瓦尔省	Maine-et-Loire	49	
	马耶讷省	Mayenne	53	
	萨尔特省	Sarthe	72	
	旺代省	Vendée	85	

续表

大区 （Régions）	省 （Départements）	法文	省编号	2016年 行政区划改革 后所属大区
普罗旺斯-阿尔卑斯-蔚蓝海岸		Provence-Alpes-Côte d'Azur		普罗旺斯-阿尔卑斯-蔚蓝海岸大区 （Provence-Alpes-Côte d'Azur）
	上普罗旺斯阿尔卑斯	Alpes-de-Haute-Provence	04	
	上阿尔卑斯省	Hautes-Alpes	05	
	滨海阿尔卑斯省	Alpes-Maritimes	06	
	罗讷河河口省	Bouches-du-Rhône	13	
	瓦尔省	Var	83	
	沃克吕兹省 （佛克路斯省）	Vaucluse	84	

罗马风时期

Shutterstock.com：P14-15/P16-17/P18-19/P20左图/P20-21中间 图/P21右 图/P22-23/P24-25/P27/P28/P30-31/P32-33/P34右图/P34-35左图/P36-37左图/P38右图/P38-39左图/P40-41/P42/P44-45/P46-47/P48-49/P50-51/P53/P54-55/P56左图/P58-59/P60-61/P64-65/P66-67

作者：P29/P36/P52/P62

Images of Medieval Art and Architecture：P69右图

JMaxR：P56-57右图

Michelle B.：P63

Tourisme en France L'zangoumois：P68-69左图

哥特时期

Shutterstock.com：P76-77/P80-81/P82-83/P85/P86-87/ P91右下图/P99右 图/P102-103/P104-105右 图/P106/P107下 图/P108-109/P110-111/P112-113/P114/P116-117/P120-121右 图/P122左 图/P126-127左 图/P130-131/P132-133/P134-135右 图/P136-137/P138-139/P140

作者：P84/P91右上图/P92-93/P94上、下图/P95/P96/P100/P101/

P104左图/P120左图/P134左图

Eviatar Bach：P122-123右图

Google earth：P129下图

Helytimes：P118-119

Infobretagne.com：P90-91左图

Miss Isabella Lor：P98-99左图

Musee-Cluny-frigidarium：P124-125

Rouen et Region：P129上图

Tangopaso：P88-89

来源不详：P107上图

文艺复兴时期

Shutterstock.com：P150-151/P152-153右图/P154-155/P156左图/
　　P156-157右图/P164/P166-167/P170-171右图/P172-173/P176-
　　177/P178-179/P180-181/P186-187/P188-189/P192-193/P194-
　　195/P196-197/P198-199右图/P200/P201/P206-207左图/207
　　右图/P208-209/P210-211/P212-213/P214-215/P217上、下图/
　　P218-219/P220-221/P222-223/P226-227/P230-231左图

作者：P152左图/P158-159/P160下图/P168-169/P170左图/P174/
　　P190/P198左图/P202-203/P204上、下图

罗伟鸿先生：P182/P183/P184

FLLL：P191

Google earth：P160-161上图

International Claire：P162-163

Miss Isabella Lor：P185

Mr. Daniel Law：P225/P228-229/P231右图

走向近代

Shutterstock.com：P239右图/P242左图/P242-243右图/P246-247左图/P248左图/P250-251/P254-255/P256-257/P260-261/P266-267/P268左图/P268-269右图/P288-289/P290/P291/P292-293/P295/P296-297/P299/P302-303/P306-307/P308-309/P312-313/P314左、右图/P315/P316-317/P318左图/P318-319右图/P327/P330-331右图/P332-333左图/P333右图/P334左上图/P334右上图/P335

作者：P238-239左图/P252左图/P258-259/P262上、下图/P270-271/P273/P274左、右图/P275左、右图/P276-277/P278-279/P280左图/P280-281右图/P282-283左图/P283右上图/P283右下图/P284-285/P286/P294/P300-301/P310/P320-321左图/P321右图/P324-325右图/P326/P328-329/P330左图/P334左下图/P337/P338/P339

罗伟鸿先生：P248-249右图

Davide Mainardi：P324左图

Hermann Wendler：P236-237

Miss Isabella Lor：P247右图/P264-265

Myrabella：P240-241

Paris Historic Walfs：P253

The Bowery Boys: New York City History：P305

the Creative Commons Attribution 2.5 Generic license：P322-323

感谢各位老师多年的指导:

香港珠海书院苏超邦教授

加拿大不列颠哥伦比亚大学亚伯拉罕·罗加尼克教授
（Professor Abraham Roganik, the University of British Columbia, Canada）

中国广州市华南理工大学龙非了教授

特别感谢
法国驻香港及澳门地区总领事馆文化、教育及科学领事安妮·丹尼斯·布兰查登夫人（Mrs. Anne Denis-Blanchardon），刘新琼女士（Ms. Kenis Lau）和李俊杰先生（Mr. Steven Li）鼎力协助文本的整理工作